告别拖延症，提升执行力

张弛◎编著

不要拖延
即刻开始行动

中国商业出版社

图书在版编目（CIP）数据

告别拖延症，提升执行力 / 张弛编著 . —北京：中国商业出版社，2015. 12

ISBN 978-7-5044-9217-3

Ⅰ. ①告…　Ⅱ. ①张…Ⅲ. ①成功心理—通俗读物

Ⅳ. ① B848.4-49

中国版本图书馆 CIP 数据核字（2015）第 305120 号

责任编辑：朱丽丽

中国商业出版社出版发行

010-63180647　www.c-cbook.com

（100053　北京广安门内报国寺 1 号）

新华书店总店北京发行所经销

北京毅峰迅捷有限公司印刷

*

880 × 1230 毫米　32 开　8 印张　200 千字

2016 年 5 月第 1 版　2016 年 5 月第 1 次印刷

定价：32.00 元

*　*　*　*

前言

拖延有“推迟、延后、延缓和延长”等意思，拖延的人在做事情的时候，往往会“明天再做”或者“以后再做”，一件举手之劳的小事，也要花费很长时间才能完成，或者根本就完不成。

一个人能不能取得事业的成功，关键是看他能不能把自己的想法或计划变成行动，再把行动变成结果。其实，能做到这一点很难，这也是更多人之所以平庸一生的原因。贪图安逸是人的天性，拖延也就成了很多人难以消除的顽疾。

拖延虽然是个不起眼的小习惯，但对一个人的影响却是巨大的。特别对于患有“拖延症”的人来说，拖延所带来的恶果是难以想象的。在曾经的小学课本上有一篇“寒号鸟垒窝”的故事：

寒号鸟的邻居喜鹊好心劝寒号鸟趁着天气暖和赶紧垒窝，寒号鸟却总推辞道：“天气这么好，正好睡觉，我明天垒窝。”晚上寒风吹来，寒号鸟冻得直后悔：“哆罗罗，哆罗罗，寒风冻死我，明天就垒窝。”第二天，喜鹊又好心劝寒号鸟趁着天气暖和赶紧垒窝，寒号鸟又回答道：“天气这么好，正好睡觉，我明天垒窝。”最后，寒号鸟在一个寒冷的夜里被活活冻死了。

那些拖延成性的人是不是像极了寒号鸟？他们总是认为还有明天，还经得起折腾，可以无限拖延下去……“明天就垒窝”是寒号鸟的口头禅，正是这一而再、再而三的拖延最终导致寒号鸟冻死了。很多人就是因为习惯拖延，才白白地浪费时间，浪费机会，浪费生命。

拖延成性的人往往会贪图当下的安逸，殊不知，工作、理想、成功、事业乃至生命都会丧失于其中。所以，告别拖延症，提升执行力必须成为我们最基本的素养，马上行动更是我们成功的保证。因为没有谁可以不劳而获，只有赶走体内的惰性，才会通过行动获得自己想要的结果。

拖延症其实并非是严格意义上的疾病，但是它却是执行力的罪魁祸首。造成拖延的原因是多种多样的，赶走拖延症必须对症下药，这样才能提升自己的执行力，成就自己的事业。

目录

第一辑
迟迟不执行，拖延的根源在哪

在工作中我们常常会遇到这样的情况：因为拖延，要做的事情迟迟没有完成；因为拖延，工作计划迟迟没有动手。拖延成了不能按时完成工作的主要原因，拖延就像一个毒瘤，吞噬着人的执行力。那么，这种拖延的心理是如何形成的，又是如何毁了执行力的呢？

因为有明天，所以你今天拖延

《明日歌》中写道："明日复明日，明日何其多。我生待明日，万事成蹉跎。世人若被明日累，春去秋来老将至，朝看水东流，暮看日西坠。百年明日能几何？请君听我明日歌。"古人告诉我们，时间难以挽留、今日的事情今日做，事情拖到了明日，那就是蹉跎了岁月，虚度光阴。当然，从这首诗我们不难看出，"因为有明天"，是拖延的根源之一。

这天，王亚键正在办公室里抱怨工作没完没了，他感觉工作犹如一只苍蝇，总是没完没了地围着自己转，自己都快给烦死了。他刚刚才结束了一项方案的设计，老板又布置了一项新任务。

面对新任务，王亚键不想马上开始工作，他想清闲几天，好好修整一下自己。

"就算这个任务结束了，肯定也会有其他的新任务需要我做的，肯定不会有闲的时候。"王亚键心想着，"设计方案是需要灵感的，这样被赶着设计出来的方案肯定不完美，还是先放松放松，等玩够了，灵感就来了，反正时间还很多。”王亚键终于把自己劝说成功了。

设计方案其实真的需要靠灵感，灵感一出来只需将自己大脑里的东西整理好，再将整理好的东西写在纸上。但是王亚键明显疏忽了自己在做设计的时候需要冥思苦想的那个黑暗阶段了。找灵感也是需要锁定方向才能找到，漫无目的等灵感到来，真的是说得容易，灵感来得难啊！

时间越来越少了，王亚键觉得自己该开始行动了。但当他泡上一壶茶，支起躺椅，舒舒服服地躺在办公室老板椅上的时候，实在不想开始新的工作。“明天再开始吧。”王亚键这样说服自己。他感觉这样的方案设计五天的时间足够了，灵感来的时候，完成这件工作，根本就是小意思，一天的时间都用不了。

就这样又过了两天，王亚键觉得自己实在该启动这项工作了，但这天就在他开始行动不久的时候，刚好老板决定开会，让他参加，开完会之后，已经快要下班了，没办法，老板催得急，只有回家里继续做了。晚上，他拿起资料的时候，脑子里一团乱麻，便自我安慰道：“算了，今天太累了，明天再做吧。”于是，这一天又过去了。

第二天早上，王亚键刚到公司，老板的秘书就来找他，说老板要他的设计方案。他只得撒谎说方案还在修改中，明天早上给老板送去。秘书走后，王亚键的脑中再也没有“明天”了，因为他必须在明天之前把方案赶出来。可想而知，在这种情况下做出的方案怎能得到老板和客户的认可呢。

很多时候，我们和王亚键一样，把事情寄望于明天，从而成了“拖延界的真英雄”。用“明天”自我安慰，明天可能会有灵感，今天玩过去了，明天一定要努力，明天又说，明天要努力。殊不知，很多事情都有一定的期限，老板在交给你任务的时候，肯定是有完成期限的，现在拖延了好办，不过是一时轻松而已，等到了该交工作的时候，就只能拼命地加班才能保量不保质地完成。

所以，有位哲人曾经告诫我们：“毁灭人类的最好办法就是告诉他们还有明天，因为在告诉他们还有无数个明天之后，他们就不会在今天努力了。”有凡事“看明天”的习惯，就会有了拖延的习惯。

一旦情绪不好，做事就会拖拖拉拉

有人说，对工作不拖拉，主要靠人对拖延的抵御能力。但如果说个人抵御拖延的能力很强，是不是就意味着拖延的情况不会出现呢？其实不然。因为不良的情绪会成为拖延的诱因。拖延和人的情绪不好有很大的关系。人情绪不好时，在接受一件工作的时候，会不由自主地放缓执行，从而在工作上拖拖拉拉。

在会上，老板给出了一个工作计划，但朱晓灵不太赞成这个计划，可是又不好意思反对老板。更糟糕的是，老板还将这项工作交给了她。

朱晓灵表面上乐呵呵地接受了，但其实心里早就开始抱怨了："既然让我做这项工作的执行者，为什么我不能按照自己的计划做呢？"她心里很不痛快。

由于心情不好，朱晓灵一直没有启动该项工作的兴致，把本来只要三天就可以完成的工作，拖到了一个礼拜还没有完成。老板觉得很奇怪，一直做事利索的朱晓灵，怎么做事也开始拖拖拉拉的了。

其实，朱晓灵的工作拖拉，并不是因为这项工作很难，而是因为朱晓灵对这项工作有了抵触情绪，所以迟迟完不成。

可见，不良情绪会让一个人工作拖拉。我们都会遇到这样的经历：准备马上投入到工作和学习当中，但是周围的环境却特别嘈杂，电话铃声、办公室内客户来访询问的声音，搅得自己心烦意乱。这时，内心就会逐渐产生暴躁和愤怒，对于原先打算做的工作也没有办法做好，只能一拖再拖。

刘能武打算和妻子明天带儿子去游乐园玩。

妻子下班回来，怒气冲冲地对他说："明天不去游乐园玩了。"

"怎么了，这是遇到什么事了？"刘能武很不解，是什么让一向很温和的妻子这么生气。

妻子道："我原本已经完成了一个工作项目，才刚刚做好，还没有来得及保存，这时不知道谁动了一下电源开关，然后整个办公室的电脑都断电了。后来才发现，原来是老板的儿子在那里玩，一不小心给关了，这使公司大部分的人都要重新做一些工作。我的这个项目花了大概四个小时才做完，现在竟然什么都没有了！"妻子的表情变得十分气愤。

"那你们老板有没有说需要你们加班完成？毕竟明天是周日，有空闲时间。"刘能武问妻子。

"当然不需要了，毕竟不是我们的错，再说这些工作也不是很着急，晚些完成也行，我只是有点生气而已。算了，明天不去了，心情不好！"

"明天咱们不去的话，儿子肯定会很伤心的。"刘能武开导着自己的妻子，"咱们要不和儿子商量商量后天再去，就说明天是周六，去游乐园的人很多？"

"行，那就后天去吧，反正明天是不去了！"

就这样，带儿子去游乐园的计划，刘能武夫妇一直都没有实现。

我们在很多时候也和刘能武的妻子一样，坏的情绪会影响生活的正常秩序。我们可能在很久之前就已经安排好了要去做一些事情，如果没有太大变动的话这些事情，仍然会按照原计划执行。但是，要是近期发生了一些令自己产生负面情绪的事情，原本准备好的计划就往后拖了。

环境对于一个人的情绪很重要，尤其是工作环境。如果是在一个很轻松的环境里，就不会产生不好的情绪（比如焦虑、暴躁、愤怒和怨恨等），心情会很轻松、很平和甚至会很乐观，这个时候的工作效率就会相应提高，“拖延”就会很少发生。

拖延是因为有“拖延基因”吗

众所周知，拖延对人有很大的危害，而拖延又是很多人容易患的病症，人必须学会和拖延做斗争。因此，说人生很多时候就是一个战胜拖延症、戒掉拖延的过程一点都不过分。出现问题，要找到问题的根源，才能解决问题。同样的道理，解决拖延问题，就要找到拖延的根源——这是很多人一直在研究的问题。那么拖延症的根源在哪儿呢?

有人认为是基因的问题，认为基因导致拖延症遗传。这听起来似乎匪夷所思，但绝非空穴来风。美国一项最新的研究表明："拖延症"很可能是由于遗传基因导致的。

美国科罗拉多大学波德分校对拖延症的根源做了相关的分析，了解到为什么有的人做事情比较拖延、比较懒散，而有的人却做事比较主动，想到什么就去做什么，这很大程度上是由基因决定的。波德分校的心理学家丹尼尔·古斯塔夫森是这项研究的参与者之一，他表示：每个人或多或少都有一些拖延的症状，进行这项研究的主要目的，就是想要弄明白为什么有的人做起事来拖延的倾向比较严重，而有的人做事却是可以马上付诸行动。

在远古时代，人类尚未进化完全的时候，他们比较喜欢保持一种随时行动的状态。因为那个时候需要防备其他动物袭击，他们要时刻保持警觉。也有相关的研究表明，拖延症出现在近代，因为在这个时候，人类已经不需要去捕捉猎物，而是有了一些需要进行长期努力的目标，这样就被分散了一部分的注意力。他们逐渐就不需要太多的注意力也可以掌握生存法则，慢慢地就开始出现了懒散和拖延。

关于是否具有“拖延基因”的存在，众说纷纭，有的人认为这种基因是存在的，有的人却认为这种基因是不存在的，但是双方都没有办法拿出具体的数据或者研究结果来证明自己的观点。

在 1983 年之后，在神经科学领域的研究有了一系列突破性的进展，这让我们现在对于大脑的研究和运行有了更深一步的理解。在生物界的确是存在一些因素导致了行为的推迟，但是这些因素是不是“拖延基因”就不太确定了。

如果说你常常会出现注意力不集中，做事情有执行障碍的情况，就可能和自己行为拖延有直接的关系了。从克服拖延症的角度出发，我们首先需要了解下面几个观点：

第一，人的大脑一直在不断地变化。有相关数据表明，人的大脑是按照一种预设性的方向来发展的，它会首先经历儿童期，然后慢慢地在 18 岁的时候达到一个顶峰，之后就开始走下坡路。但是，这是个很明显的错误，因为人的大脑是一个活生生的运作系统，它会不断地运行和变化以及修正。大脑的神经具有明显的可塑性。你今天做什么事情，有一个什么进程，以什么样的状态来进行今天的工作，这些都会影响大脑对明天工作的安排。之后，在自己的脑海中就会清晰地显示明天的事情应该怎么做。你做这件事的次数越多，大脑就对这个活动反应越多，它会把被要求的事情做得越来越好、越来越快。

大脑在不断地进行着运作，因为它在不断地激发新的而且灵活的行为，但是也有可能在飞速地强化着以前的旧活动。这就好比是我们参加滑雪活动，刚刚下完雪，去滑雪的时候有很多条路线的选择，尽管滑起来并没有那么快，但是随着自己滑行这条道路次数的增加，我们会感觉这条线路的痕迹越来越清晰、越滑越快。这就是我们的大脑"轨道"，一旦建立起来，就会很难消除。认识到这一点，我们会想到在面对自己某些旧习惯的时候，一定要保持清醒的觉察力。

当你开始拖延着一些事情不想立刻解决的时候，就要努力把自己从以前的轨道上拉出来，建立一条新的做事轨道。

第二，感受很重要，即使是一种无意识的行为。自己一看到某个任务的时候，下意识地就想着明天再做，但是却忽略了，逃避拖延不是自己的任务，这是由于自己对这件事不想承担而出现的感受。

其实我们完全可以利用这些感受，思考一下为什么会出现这种感觉，"我为什么会紧张？我为什么会感到恐惧？"这是独一无二的，也只有我们自己的大脑才可以想清楚。这在神经学上的解释是，你可以从自己的意识了解到自己的感受，或者是从自己身体上的某个信号了解到自己的感受，因为情绪的来源是你的身体和五官。

第三，我们受到潜伏记忆的影响。如何解释潜伏记忆呢？很可能在之前的时间里，你遇到过这样的事情，它让你产生了一些想要躲避和拖延的想法。等到你再次遇到这件事的时候，大脑里就会有一种声音让你去逃避、去拖延。英国的心理分析学家温尼科特用一句话表达了这个观点："我们所恐惧的正是那些早已经发生过的事情。如果未知，可能会去放手一搏，因为经历过所以才会下意识地逃避。"

还有的观点认为，早期连接的通路也很重要。有相关研究表明，和婴儿之间的互动对于他们的自我概念影响很大，这和他们长大以后会不会养成做事拖延的习惯有着密切的关系。

关于"拖延基因"是否存在，目前确实没有办法给出权威的回答，但是能够确定的是拖延的存在，的确是受生物因素影响的。

拖延：仅仅为了一时的快感

"有压力就有动力，有动力就一定会成功，我并不是在拖着不做事，我不过是把所有的事情都攒到一起，只有这样做的时候才会感觉到有很大的动力。"有的人会为自己的拖延找这样的理由。这样的说法似乎有些道理，但事实上，每次积攒了很多事情的人，在到了最后期限的时候总是会乱成一团，做事情毫无头绪不说，还把所有的事情弄得一团糟。

不过，例外也是有的，有一些人能力比一般人强，而出于对能力的自信，他们喜欢在最后一刻才开始工作，然后会在很短的时间内完成，借此给人一种这样的感觉："你看某某，人家不是说不会做，只不过人家是不乐意做，这么短的时间就完成工作，看看人家的能力有多强。"我们将这样的拖延称为"庞氏拖延"：

在《三国演义》中，庞统在张飞面前把积累了一年的工作用一天就完成了，不但让张飞目瞪口呆，还产生了一种"我很厉害"的感觉。

还有一种人比较喜欢化身为"成功人士"的感觉，没事的时候就喜欢自己找点事情做。该完成的工作不在规定的时间完成，非要给自己安排熬夜加班，然后说："其实加班干活特别刺激，你想呀，通过加班在第二天的时候把东西交给上级，感觉特别有成就感，自己干活也不走神了，散漫劲儿也没有了，瞬时间感觉变身为成功人士了，生活特别的充实。"

对于这些人，特拉华大学的心理学家 M. 朱克曼给他们下了一个定义，叫做寻求刺激的人。他说这种人只是为了寻求一些刺激感，对外宣称有压力才会有动力，高压下做事的他们的确是获得了一定的刺激感，但是事实是他们并没有做好自己的工作。试想一下，在有限的时间内，把自己的工作快速完成，当然只能保证速度而保证不了质量。然而，用拖延的方法去享受这种劣质的快感到底合不合适呢？

王磊以前喜欢加班，而且每次等到老板催着要方案的时候才决定加班，他信誓旦旦地对老板保证道："您放心，一定保质保量。"可是往往到了最后，速度是得到了保证，但完成的质量总是差强人意。他每次设计的方案，都只是表面上看了一遍，觉得没什么问题就上交了，可等到自己再回想起来的时候，就会发现一大堆问题，总是被退回来，进行第二次修订。

对于这种情况，王磊自己都不知道他想要的到底是什么。表面上说这是一种压力的释放，在享受一种紧张充斥的刺激感，但是事实上并不是这样的。这类人认为把自己的工作拖延到了最后，等到压力攒够了再去解决，是一种很好的解决问题的方法，也是一个享受的过程。但是他们并不了解，自己所享受的并不是什么刺激感，而是一种焦虑，所谓的刺激感不过是焦虑过后的"大汗淋漓”，这是拖延工作产生的后果，并不是为了享受刺激感而拖延工作的原因。

德保罗大学著名的心理学教授、美国心理学会拖延症的主要研究者约瑟夫·费拉里有一本专门讲述拖延症的书，名为《万恶的拖延症》，在这本书中他曾谈到一个很典型的事例，足以说明拖延不会有“一时的快感”：

伦敦的某家主流报社经常要求记者们在周一的时候上报自己的选题，周二的时候就召集所有的编辑开会讨论，在记者们上报的所有的选题中选出一个比较符合大家心意的。在会议上，每一个编辑都像是疯了一样说出各种各样的理由来打击自己的竞争对手，以思路老套、题材不新颖等借口来否定对方的题目，他们感觉自己的题目是最有新意的，也是最符合大家意向的。

然后，选题会将一直拖到周五的时候才决定要用的题目。一般来说，周一如果交上50个题目的话，只会有10个胜出，而记者们为了赶上周日报纸的发行，只有在有限的时间内拼命赶稿子。结果是可想而知的，这些匆忙写完的稿件根本连修改的时间都没有，最终只好慌慌张张地登载出来，质量可想而知，根本达不到预期的效益。

这种为了寻求劣质刺激的人，把所有的工作都拖延到最后，究竟想要达到什么样的效果？是自己把握着最终决定权的自我满足，还是有人喜欢看所有的记者拼命赶稿件？很多拖延仅仅是为了享受劣质刺激，很多人也因此进入不到正常人的处事规则中，在拖延中不断地挣扎。约瑟夫用这个案例揭露了拖延的根源。

拖延会在生活中形成一个怪圈

心理学家发现，拖延具有特定的心理过程，拖延的人总是从一个美好的愿望开始。比如，人们在做一件事时，往往会产生这样的愿望："今天（这次），我要早点（及时）开始。"做事之前，很多人会这样去想。但是，随着情况的发展，人们会逐渐取消自己的初衷，然后给自己找个借口："看一次电影也无妨""睡睡懒觉也没事"，反正"最后期限长着呢，还有充裕的时间去做"。拖延的怪圈就此开始。

时间在流逝，你还什么都没做，开始已经不是问题，因为渐渐地你就会觉得时间已经来不及了。这时，你会设想一系列可能毁掉你生活的可怕后果，此时你可能会产生下列各种想法：

我应该早一点做——自责；

我可以做别的事——转移；

我什么事都没做——消极；

我希望没人看到——掩盖。

当然不管一个如何去想，寻找自我安慰的借口不会变，认为自己还有机会完成工作，直到最后，时间只剩下一点点的时候，最后不可逃避的时候，才选择做还是不做。

不做，可能因为时间不够，或者你根本没有心情做，也可能因为你看不到完成事情的益处。做，你会开始盘算面临的困难，但是你在心理上不太介意这些，比如要做数学作业时，只要想做，会逐渐发现解数学题还是蛮有意思的。这时你唯一关心的是你也许还来得及把它完成。

至此，人们对计划的事情会有一个定论：要么因为拖延干脆不做，要么在拖到最后时刻匆匆地完成了。但无论怎么样，拖延都给自己带来了压力，这时人们都会对自己说：我下次绝对不会这样了。但是，这个誓言的有效性是短暂的，直到下次事件的出现……

我们往往都有过这样的经历：

在学生时代，每逢小长假的时候，老师会布置一些作业，但是，我们绝对不会在第一天就把老师布置的作

业完成了。比如，国庆三天假，第一天，家长催促我们做作业，我们会说："还有两天的时间呢，不急呀。"所以整天和朋友尽情地玩耍。到了第二天，家长又催促我们做作业，虽然能意识到作业一点都没有完成，意识到不完成作业会受到老师的惩罚，但是因为玩得尽兴，心里会想："干脆今天玩个够，明天不玩了，安心做作业。"到了第三天，可能会完成部分作业，这时，你会想："明天就上学了，该去好好玩玩，这点作业，晚上加个班就完成了。"于是，又将作业推至脑后玩耍去了。

到了晚上，想到作业没有做完，但是，人已经很困了，你会说："明天早点起来完成吧。"

但是，到了第二天睡过了头，上学都要迟到了。这时，你对完成作业已经不抱任何希望了，只想如何找理由向老师撒谎，惴惴不安地去上学。

类似这样的拖延不仅体现在我们的学生时代，更在我们的工作中经常出现。心理学家发现，可以将拖延的心理过程比拟为乘坐在一辆过山车上，情绪随之起起落落，虽然当事人想要事情有所进展，但是最终却不可避免地拖延了下来。在拖延过程中，一连串的借口影响了做事的效率，它们呈现出诸多共性，我们称之为"拖延怪圈"。你或许在几个星期、几个月、几年甚至一辈子都挣扎在这个怪圈当中，或者，在几分钟之内就经历了一个怪圈。这个怪圈是这样的：

第一步："这次我想早点开始。"

在一开始，拖延者往往充满做事的热情。一个人在接受一项新任务的时候，会觉得这次一定能够按时完成。当然他可能不会立即去做，但还是相信要做的事情总会自然而然地启动。只有当过去一段时间之后，他才会发现事情还依然在那里，慢慢地他将会为自己完不成工作而担心。

第二步："我得马上开始。"

在这个阶段，早点开始的时间已经失去了，一开始好好干的愿望已经破灭了，他开始焦虑，心理压力也越来越大。他不再盼望自己会自发地开始上手做事，开始强迫自己马上得做点什么，但考虑离最后期限还远着呢，所以对自我的强迫是短暂的，没有一点效果。

第三步："我不开始又怎样呢？"

随着时间慢慢地过去，他手上的事情还是没有完成。现在的他开始为自己完不成工作的后果而担忧。此时，他可能会感到自己几近瘫痪，同时，为了安慰自己，他开始在大脑中给自己找理由。

第四步："我希望没人发现。"

等到时间过去手中的工作却没有一点进展，他为此而感到惭愧。他不想任何人知道自己的窘境，所以他通常会找各种理由为自己掩饰。假装让别人看起他很忙，即使他没有工作。所以当他的老板让他交工作的时候，他就会替自己找各种借口来掩饰自己的延误，同时内心却深感自责。

第五步：“不用着急还有时间。”

虽然感到负疚、惭愧或者欺骗了别人，但他还是觉得还有时间，抓紧时间应该来得及完成。虽然感觉到自己脚下的地面正在崩塌，但他还是盼望着“缓刑”的奇迹出现。

第六步：“我这个人有毛病。”

这时的他或许已经绝望了，本想着这次肯定能够按时完成工作，但是事与愿违，这时的他意识到负疚、惭愧和痛苦也无济于事。对是否能完成任务的担忧变成了一种令人生畏的恐惧：“我这个人有毛病！”这时他感觉自己缺少点什么东西……自我约束力、勇气、头脑或者运气。

最后：抉择：做还是不做？

最后，那个工作无论是顺利地完成了还是最终放弃了，对于拖延者来说都会如释重负和精疲力竭而近乎崩溃，因为这样的折磨他再也无法忍受。他发誓以后一定按时完成工作再也不会拖延，严格按照计划，把事情做得井井有条。他已经打定主意，意志也非常坚定一直到下一个任务再次出现……就这样，随着这个誓言出现，这个喜欢拖延的习惯就圆满地画上了句号。然而，尽管诚心诚意痛下决心，绝大多数的拖延者都重蹈覆辙，一次又一次挣扎在这个“生死”的边缘。

思考不周往往会耽误大事

在现实生活中，拖延者，往往被身边摆脱不掉的繁杂琐事困扰得一筹莫展，这些人不知道哪些事情重要，那些事情不重要，因此而耽误了很多事。当有人为事情发愁时，他会把一大堆琐事向他人倾诉，却不去想办法解决问题，拖延就此产生。然后，又继续卷入接踵而来的繁杂琐事中去。

拒绝拖延，提高执行力，我们提倡考虑周全再行动的处理方式，拒绝优柔寡断、对所有事都没有主见的消极的做事态度。

当你面对一些事情时，往往不会草率行事，尤其还没有认清事情的真实面目时，更是很谨慎。平时在处理事情时，有的人不对事情进行全面的思考，却对事情的表面现象认死理，或者采取一些自认为聪明的行动，以为可以完美地解决问题。这些人在做事过程中往往容易出差错，走弯路，把大把的时间浪费掉。但是在深思熟虑之后做事，你就不会因为发生意外而拖延。由于你事先对事情的各方面因素有所了解，那么在采取应对措施时也得心应手，不会因为对事情的无知，而使你的行动鲁莽、仓促。若没有事前周全的思考，处理事情时则无从下手，在情急之下，你肯定会做出仓促的决定，而这些决定对你的负面影响很大，它们影响了你对事情的正确判断，失误的几率就会大大增加。可如果你对事情有了全面的了解之后，纵使不能解决问题，至少不会莽然做出错误的行动，这样，失误就会减少。

所以，对于处理事情来说，思考事情的利害关系很重要，因为这能直接影响事情的结果。事情处理的好与坏，很大程度上取决于你对事情的了解，以及权衡利害关系之后得出来的判断及行动。思考利害关系是对事情进行判断的重要环节，能让你以最短的时间实现目标。

若想对事情做出正确的判断，就必须思考它的利害关系。在现实生活中，往往由于考虑不周而导致处理事情的草率和仓促。这就要求我们要善于把握事物之间的联系，权衡其利害关系，巧妙地寻求新的机会，把繁杂的变简单，这样就能提高执行效率。

卡利斯是一家生产部门的主管，年轻而且有能力，一直以来，他总会把公司的事情处理得非常好，但这一次他却误了事。

卡利斯接到一个提供生产原料的大客户的电话，大客户告诉他，原料可以比原先的价格低两个点卖给他们，并要求卡利斯赶紧和自己签合同。在平时，由于原料紧俏，这个客户对原料的要价非常高，不到万不得已，他们很少从这个客户那里进货。听到这个消息，卡利斯欣然同意了，请对方到公司来洽谈一下这方面的业务。客户的到来让卡利斯兴奋不已，因为如果这个合同签下以后，卡利斯不但解决了公司的原料问题，更能得到丰厚的奖金。就这样，他代表公司与大客户进行谈判。

他们的谈判进展顺利并且草签了协议，当卡利斯欣然拿着协议向老总汇报情况时，老总拿着协议后仔细地看了一遍，然后对卡利斯说："我对其他都很满意，只是这一条有些疑惑。"

卡利斯说："哪一条？"

老总说："以前我们跟他的付款方式，是先付一半定金，然后才可以给我们发货，可这一次，他卖给我们这么多货，可定金只要20%，你知道，这些货在市场上可是很抢手的，这不是有些奇怪吗，你认为呢？"

卡利斯则不以为然地说："他跟我们已经合作很长时间了，应该没有问题。"

老总说："做事情不要凭着主观判断，更没有应该与不应该。这样吧，你再看看他们为什么这样吧。"

卡利斯暂停了和客户的商谈，偷偷地对客户的公司进行了调查，卡利斯发现，客户因为经营不利，已经快要破产了，根本拿不出那么多的货。

问题不在于给钱拿不到货，更要命的是，经过这样一番周折，卡利斯因为迟迟拿不到订购的原料，让公司的新产品上市足足延迟了一个月。

事后，老总告诫他说："今后做事，要考虑一下利害关系，然后再下决定，这样，就不会因为意外而耽误事了。"

其实在生活中常常会出现这种情况，因为对事物的直观判断而放弃原本的原则，这样做的后果，难以想象，像卡利斯那样，如果一旦签订了正式合同，那么公司就会遇到巨大的损失。因此，我们在做事情时要思考它的利害关系才可行动，这样才不会发生意外。

其实，克服拖延的坏习惯，行动并不是主要的，重要的是支配行动的思考，在现实生活中，许多人往往忽略了这一环节，而做出了冲动的行为，只能使自己陷入拖延的境地。思考周全再行动，是让我们拒绝拖延的一个前提条件，但它绝不是我们的最终目标，只是我们快速达到目标的重要的一步。事实上，在生活中我们会经常用上它，因为无论任何事情，只要能做到思考周全再行动，就能以最快的速度完成。

第二辑
远离拖延症，不让拖延误人生

拖延究竟对一个人有什么样的危害呢？我们不得不承认这样一个事实：人生的很多不如意都是由拖延带来的，就医不及时加重了病情，在犹豫间失去了机会，在磨磨蹭蹭之后误了大事……可以这样说，每次拖延，都是对人生的一次毁坏。

“剩男剩女”也是拖出来的

说到拖延，很多人就会立刻想到现在社会上大量存在的剩男剩女们。有人对“剩客”按年龄段做过这样的分类：24 ~ 27 岁，这样的人是初级“剩客”，主要是他们刚刚走上“剩客”的道路，还有勇气为继续寻找自己的另一半而奋斗，可称为“剩斗士”；28 ~ 31 岁，这类人是中级“剩客”，称为“必剩客”；32 ~ 36 岁为高级“剩客”，尊称为“斗战剩佛”；36 岁以上的，则可封为“齐天大剩”。

杨佳的妈妈最近有点发愁，因为杨佳早过了出嫁年龄却还没有个对象，每次只要是一回家，街坊邻居都会问她闺女有没有对象。“你说，这人啊，如果长得丑还可以谅解。关键是杨佳这姑娘长得是白白净净的，挺漂亮，可就是没有个男朋友。”每次听到别人在背后议论，杨妈就无比难受。

可是，每当杨妈和杨佳谈起这事的时候，杨佳却总是推三阻四，不是说“没有合适的”就是说“等以后再说”，让杨妈头疼不已，“谁知道这以后究竟是什么时候啊！”杨妈嘟囔着说。

每次和老姐妹们打牌的时候，杨妈总是念叨着，让给自己家的姑娘介绍个对象，结果这事被杨佳知道了。

“这相亲对象就一定很合适吗？就算是合适，那结婚是不是还要买房子啊？”杨佳连珠炮似的反问，让杨妈哑口无言。但冷静下来，杨妈一想还真是这么一回事，结婚是孩子自己的事，什么时候遇到合适的人还是她自己说了算。

就这样一拖就给拖到了杨佳 31 岁，到了现在周边的邻居也不会主动地给她说婚事。“年纪都这么大了，还没有嫁出去，肯定是哪里有毛病，否则早就结婚了。”又有一些人有了这样的想法。

像杨佳这样的事在我们身边可以说是屡见不鲜了。我们常说幸福是拖不来的，有些人不是没有找到幸福的机会，只是一拖再拖，幸福就这样悄悄溜走了。

吴大定为了结婚的事情经常和女朋友吵架，怎么回事呢？两个人的关系特别好，谈恋爱的时间长达 8 年之久，如今 32 岁的他们，总是为了结婚吵来吵去的。双方都见过家长了，而且对方父母的印象也都很好，家长们都同意让他们结婚了，然而吴大定自己却老是不同意。

原来女方自己有一套房子，吴大定没有。吴大定就决定等到自己买了房子之后再结婚，而且吴大定想只用自己的工资买房，这可真是遥遥无期了。两个人的年纪现在都奔四了，等买了房之后再结婚真的是不知道是何年何月了。

男方这样拖下去，女方很可能就会因为等不起而放弃和他在一起。男方的确是很有斗志的，但是结婚过日子幸福不幸福不是仅仅凭着斗志就可以了。幸福，不过就是有个温馨的小家，过着知足乐呵的生活。这样拖延自己的幸福，很可能到了最后就没有幸福。

还有一类“剩男剩女”，其实就是一些比较渴望自由的人。这样的人感觉自己拥有很多的资源，在自己一个人的时候是比较幸福的，所以他们就很排斥和其他的人共同享受一个空间。尽管总是被自己的亲人朋友念叨着“赶紧找个对象吧”，但是他们还是坚持着一个人。这些人很可能就是所谓的“钻石王老五”，也有可能是在自己的事业上很成功的人士，他们渴望自由的心或者对不受人约束的向往比找一个人一起过日子要强烈。

现在的社会，谈恋爱的年龄越来越小了，结婚的年龄却是越来越大了，其实这就是一种典型的拖延幸福的行为。

可能是在刚开始的时候遇人不淑，所以对这个世界上的爱情就不再期待，对于婚姻也会丧失很久以前的期望；也或者是自己一直处在相亲的道路上，对于自己现在见到的相亲对象十分不满意，总是想着，下一个相亲对象肯定比这个要好，所以也是一拖再拖，直到自己的年龄慢慢地变大；也有可能是自己的眼光很高，“高不成低不就”，自己的事业已经是步入了正常的轨道，什么样的人都入不了自己的眼，比较优秀的人估计是看不上自己，即便是自己看上了对方，稍微不好的，又感觉自己受委屈了，还是不喜欢。所以，“剩男剩女”是拖出来的，而拖到了最后，很可能是随便找一个人结束自己的单身生活。

拖拉是工作最大的敌人

在我们的工作中大多数的人都会有这样的习惯：本该在今天完成的工作拖延到明天完成，这个月该完成的报表拖到下个月，不管什么事情都喜欢留到明天来处理。那么，不能把当天的事情在当天处理完，将会有什么后果呢？

某家电公司的产品经理万平和同事赵阳接到任务：去欧洲为明年订单的有关事情进行谈判。他们先后在荷兰、法国等好几个国家进行洽谈。经过多次沟通，多次商议，终于得到了法国客人的认同。万平和赵阳非常高兴，“这周没有白忙啊”两个人这样感叹着。

今天是周末，万平准备将客户的资料和洽谈事项放在一边好好地休息一下，等到下周一的时候再将资料整理好发回总部，于是周末就好好地放松了一下。但是赵阳在当天晚上就熬夜将资料及时整理了出来，发回了总部。短短两天的时间万平给公司带来了意想不到的损失。

原来，在万平那里有很多法国客户合作的条件，但是赵阳发给总部的信息只有一小部分，由于缺少完整的材料内容，从而耽误了与客户共同的重要时间，最终导致失信于客户。当万平正准备将资料发给总部的时候已经为时已晚了。法国客户认为该公司连最起码的诚信也没有，最后也就放弃了合作的机会。经过这件事情之后，万平做出了深刻的反省：要是能及时把材料发回去，之前辛苦的努力就不至于成为泡影。

他感慨道：是我的错，我对不起所有人。经过这次教训之后，万平在德国、丹麦的洽谈无论时间多么晚，他都会及时地完成当天的资料报告并发回总部。他认为：当天的事情一定要按时去完成，拖到最后吃亏的只能是自己。

是啊，如果万平能够当天就把材料整理好，而不是拖到下周一去做，那么就不会发生接下来的事情了。

人们所面对的事情、问题、麻烦不会因为不去解决而减少，也不会因为不去做而消失，反而会越积越多。拖延并不能让你心安理得地享受清闲，内心在那些没有完成的任务的困扰下会变得紧张焦躁，而且时间越长、越往后拖延心理压力越大。

到了不得不去处理事情、解决问题的时候，在紧张焦虑的状态中，思维和行为效率都极低，结果都很糟糕。在拖延中焦虑，在焦虑中又拖延，如此恶性循环，生活不顺利，工作低效率，最终定将一事无成。

所有的人都知道拖延的害处，但是在工作中却没有意识到自己拖延的习惯，总是会找一些借口来为自己做出解释。工作拖拉的人实际上很善于找到借口，并且每一次都可以找到借口来为自己开脱。有的时候，甚至因为已经形成拖延的习惯，竟然会在不知不觉之间，相信自己为自己找的借口，觉得事情真的就是这样。

拖延有时候表现为只说不做。这是一个隐蔽的“拖延”方式，它的危害性更大。因为在表面上，“只说不做”还是很热闹的，大家积极地讨论计划，研究事情实施的步骤。但是，这些计划常常停留在口头上，甚至可能永远停留在口头上，得不到真正的实施。这种情况比拖延时间更隐蔽，更有欺骗性。

我们好多人都是知之多于行之。从“知”的角度来说，我们并没有太大的障碍。但是，我们很少主动去运用这些丰富的知识，没有把知识当作一部分工具来使用。我们大多数人都只关注于把知道的东西划分到不同的专业领域去，而非竭尽全力去运用知识的力量来应付各种不同的问题。我们必须记住：计划再完美，如果不去实现，就一点价值也没有。

“只说不做”表现的形式有很多种，例如：领导不断地讨论、开会，把这些作为管理人员的中心工作，用案头工作替代行动，用制定计划、会议研讨、准备书面材料等替代了行动，用企业信条代替了行动。实际上，希望得到的东西不会自动变成现实，必须通过行动才能变成现实。

“说得多做得少”是拖延的另外一种形式。这样的行为往往更容易被人接受，因为大家通常认为至少已经做了，只是做的多少的问题，甚至很多人把说当成做。在一件事情还没有开始之前必须对这件事情进行详细的分析和规划，但是，其中许多工作对我们想达到的结果并不能产生任何直接的影响，最好的起点往往就摆在我们眼前。

但是，怎么摆脱只说不做的困境呢？我们在做一件事情的时候，要拿出自己的实际行动，先做然后说，不要事情还没有做，就夸夸其谈。

犹豫会让很多人后悔不已

人们在遇到事情的时候往往会因为某事牵扯到方方面面，一时之间很难做出取舍，这个也想要，那个也想要，都不想放弃。犹豫来犹豫去，到最后错过了做出选择的最好时机。

俗话说：鱼和熊掌，二者不可兼得。要想有番成就，在机会来临的时候就必须要抓住，有舍有取果断做出选择，然后再积极地行动。

找工作的时候，摆在你跟前的是一家很好的公司，福利待遇好、发展的空间也比较大，这时或许你会犹豫，想着会不会还有比这家更好的公司呢？犹豫半天，最后这机会被别人抢去了。当你在和客户谈合作案的时候，或许客户提出的条件比较严苛，所以你犹豫不决，迟迟不肯签合同，到最后被别的公司捷足先登，拉走了订单。当你逛商场的时候，看到一件漂亮的衣服，大小也正合适，但是觉得价格太贵，犹豫不决，想再去别家看看，等再回到这家店的时候衣服却被别人买走了。当你面对升职加薪的机会时，因为担心别人比自己强，而迟迟不肯毛遂自荐，结果被别人抢占了先机。

这些机会明明就摆在你面前，而你明知道那是机会，但就是犹豫着迟迟不肯做出决定，到最后只能眼睁睁地看着机会被别人抢走。

周经理坐在办公桌旁忙了一天，眼看自己一个人实在完不成这么多的工作量，他来到了唐楠楠所在的部门问："谁能帮我做一张进销存报表？"

唐楠楠毫不犹豫地对他说："我来做吧！"

看到唐楠楠主动应承，在场的其他几个员工出于礼貌，也对周经理说："我也来帮你吧。"

周经理说："谢谢你们，但我只要一个帮手就够了。"

过了两个月之后，因为公司人事调动，唐楠楠幸运地被提拔为部门副主管。

现实就是如此，有能力往往是不够的，还需要在机会来临时把握好机会将能力充分地发挥出来，只有这样才能够得到老板的器重，而那些在机会面前犹犹豫豫的人，最终会被淘汰出局。

在机会面前，当我们没有足够的能力去胜任一件工作的时候，或许我们不会因为失去它而难过和后悔。但是如果我们有这个能力，明知道那是个展示自我的好时机却因自己的犹豫不决而错失了，这时我们将会非常的懊恼、痛心疾首。因此，当机会来临时，就要快速地抓住，舍弃那些不必要的想法，快速地采取行动。

所以，做事不拖延、不犹豫是成功人士必备最基本的素质。

作为苹果技术团队的主管，李开复认识到自己的团队存在着严重的问题，并且已经到了积重难返的地步。是继续为维护面子自我蒙蔽？还是观望整顿？经过一番思考，李开复果断地做出了决定——团队解散，并重新建立团队。

在他的带领下，新团队顺利地完成了研发任务，最后公司对他这种果敢的行为大加赞赏。

后来，李开复认识到自己的思想和意见不能在作为行业翘楚的微软尽情地自由表达时，他没有丝毫的犹豫，毅然跳槽到了谷歌，这使得他的影响力逐渐扩大。

处事不拖延不仅能使我们抓住机遇，做出成绩，还能够帮我们最大限度地避免损失。李开复解散团队的行为，结束了团队劳而无功却要公司支付成本的现状，为公司避免了进一步的损失。而他选择自己去留的果断行为，则使自己的职业生涯更加辉煌。

犹豫不决是事业的绊脚石，有了它我们遇到机会时就会举棋不定，从而错失良机；不拖延的果断行为，却能让我们牢牢地抓住机遇，创造出更辉煌的成绩。有的人认为果断往往会变成武断，但是事实并非如此，果断是用最短的时间，衡量做一件事的利弊。假如事情这样做是利大于弊，那么即使冒一些风险也是值得的。

古罗马有一位哲学家，风流倜傥，饱读经书，因此有很多女人都非常地迷恋他。有一天，有一个女子对他说："请让我做你的妻子吧！若你错过我的话，你就再也不会找到比我更爱你的女人了！"

哲学家回答说："让我考虑一下。"

几个月之后，哲学家终于下定决心要娶那个女子，来到她的家中，问女人的父亲："你的女儿呢？请你告诉她，我考虑清楚了，我现在要娶她为妻！"

女人的父亲回答："你来晚了6个月，我女儿现在都快做妈妈了！"

后来，哲学家忧患成疾。他在死之前说了这样一句话："下一次，我绝不犹豫！"

人生的道路上，我们每时每刻都在做出选择，而许多机会都是转瞬即逝的。哪怕做出错误的选择也好过犹犹豫豫。如果犹豫不决，很可能会失去很多成功的机遇，机会一旦错过了，是不会再有的。放眼古今中外，能成大事者都是当机立断之人，他们是世界的主宰，当机会来临时他们就会快速地做出决定，并迅速加以执行。

成功的人能把握更多的机会，往往比别人敢于冒险，做事情比别人果断，比别人迅速。如果一个人总是犹豫不决、优柔寡断，一旦有了变故就很容易改变自己之前的决定，这样的人是成不了大事的，只能羡慕别人的成功，在后悔中度过一生！

一时的小麻烦，拖延成大麻烦

有的人办事喜欢拖拖拉拉的，到了最后根本就不知道自己要做什么了，因为事情都积攒到了一起。需要做些什么呢，自己没有头绪，脑子里一团乱麻，不知道从何处着手，毫无目的性和根据性，眼前一片迷茫。所以，你的人生一团糟，往往是你拖延的结果。

杨青是个上班族，平时自己不怎么做饭，家里就储存了很多零食，以备腹饥之需。这天是周六，她收拾橱柜的时候发现以前买的东西都放坏了，就想着收拾收拾拿出去扔了，结果事一多，就给忘了。第二天她又想起来，就想等到吃完晚饭下楼散步时带出去。可晚饭后她接着看没看完的电视剧，没有下楼，快睡觉的时候才想起来橱柜里坏的食物没有扔掉，但这时候她已经不想收拾了。就这样，直到下个周末才再次想起来去扔的时候，橱柜里已经一片狼藉了：橱柜里满是虫子。最后，杨青花了一天的时间打扫橱柜。

扔个垃圾而已，每次都想着，这次忘了，下次再说吧。但是总会下次又等下一次，直至垃圾成灾。做事情也是这样的道理，什么事情都不能拖延，事情拖得越久，麻烦往往会越大。

有人说："拖延等于死亡。"很多人感觉这是在危言耸听，其实不然。

李特最近感到自己的胸口有点疼，但是他自己毫不在意。妻子建议他去医院检查一下，他拖着不去，还强词夺理："最近没时间去什么医院，我本来就很懒啊。"

两个月之后李特身上的疼痛越来越厉害了，疼得实在是拖不下去了，于是才去了医院做检查。检查结果是胸腔积水，这个时候他才意识到自己这次真的是摊上大事了。

医生告诉他，如果早来医院，吃点消炎药、打几瓶点滴就可以了。现在病情严重了，需要进行手术治疗，如果再拖下去的话，可能就出人命了。

刚开始的时候不过是一个小毛病，拖一拖也没什么关系。但是等自己疼得没有办法忍受了，再去医院检查的时候，就会后悔没有早点来医院。也许这一次你的生命健康没有什么大碍，只能算你幸运。可拖延成习惯，以后每次还都能这么幸运吗?

大卫是美国某个火车站的火车后厢的刹车员，人特别机灵，对谁都是乐呵呵的，乘客和一起工作的同事都比较喜欢他。

一天晚上，一场突降的暴风雪使得火车晚点，这就意味着大卫需要加班了。和平时一样，他的嘴里开始不停地嘟囔："这个鬼天气，还让不让人活了，真是的，烦死人了！"他一边小声嘀咕，一边想着如何能够逃开这次加班。

屋漏偏逢连阴雨，因为这一场突来的暴风雪，一辆快速列车不得不改变原来的路线，几分钟之后就已经拐到大卫所在的轨道上了。列车长接到通知之后就马上给大卫发出了指令，让他拿着红灯到后车厢去。做过多年的刹车员，大卫知道这件事情的严重性，可他想到的是，后车厢还有一名工程师和刹车员，也就没有太在意。他还笑着和列车长说：“老兄，不用这么着急，后面有人守着呢，我拿件外套就马上过去。”列车长很严肃地告诉他：“人命关天，一分钟都不能等。那列火车马上就要进站了！”

大卫看到列车长这么严肃的样子，于是也很严肃地说：“我知道了！”列车长听到答复之后，就匆匆忙忙地向发动机房跑去了。

大卫平时已经习惯了做事拖拖拉拉，以此来消磨无聊的加班时间，这一次也不例外。他想，后车厢还有人呢，安全着呢，没有列车长说得那么严重。他习惯性地喝了几口小酒，驱走身上的寒气，吹着口哨慢慢悠悠地向后车厢走去了。等到他快要靠近后车厢的时候，突然想起来这时候的后车厢是没有人的，因为在半个小时之前列车长已经把他们调到前面的车厢去处理事情了。

大卫慌了，快步跑过去，但是已经太晚了。那辆快速列车的车头在刹那间撞上了前面的火车，紧接着就是巨大的声响和乘客的呼喊声。

有的时候，习惯性的拖延会带来不可忽视的巨大后果。看似只不过是不起眼的、小小的拖延症而已，和那些严重的问题距离远着呢。但其实不然，每一个细微的环节都和生命有关系。

心理学上说：“习惯会变成无意识的大脑运作过程。”如果拖延的时间一长，那么大脑就会长时间地保持并记住这个状态，渐渐地会将拖延变成一种习惯。当在面对需要及时解决的问题时，也会拖延不做。这就像是在滚雪球，滚得时间越长，球就会越大，而麻烦也将会越大，直至你已无力解决，可惜悔之晚矣。

活在职场中，越拖延越颓废

初入职场的年轻人身上往往有一股逼人的朝气，他们不管干什么事都很有干劲，然而在一些职场老人看来，这些朝气不过是三分钟热度。“等你在职场混久了，你就不会这么有激情了。”职场“老人”这样告诫年轻人。而等到年轻人逐渐变成了职场“老人”，他们大多数人也发现，这些“老人”说的话真的很对。

的确，很多人早已从一个脚踏实地的大学生慢慢变得精明，而又从精明开始慢慢学会了拖延，逐渐向颓废过度。

很多人常常说“岁月是把杀猪刀”。有时候张大卫自己也会感慨几句。张大卫大学毕业后就投身广告业，现在的他作为公司设计这一块的负责人，对自己这十几年的变化感慨颇多。

想当年，刚毕业的张大卫找到了一份心仪的工作，自然是无比意气风发，他相信自己能够在公司里大展拳脚。进入公司，当看到自己亲手做的设计方案一一被领导采用的时候，张大卫内心充满了激动和骄傲。此后的一段时间里无论张大卫接到什么样的工作，他都会在第一时间内去完成，即便影响休息娱乐也在所不惜。然而现在，一切都不一样了，刚毕业时那股朝气早不见了，现在，即便是最紧迫的项目，他也是能往后拖就往后拖。

张大卫常想，自己刚到公司时的那股朝气都去哪儿了呢？一次同学聚会，张大卫对同学发了一通牢骚：“我现在的事业可以说是一帆风顺，但是总感觉不到以前咱们在学校时候的那种感觉。你说咱们上大学的时候，是多么的意气风发，圣诞节的时候，摆个地摊，卖个苹果，虽然卖的还没吃的多，但是那时候的感觉特别好。”

“是啊，现在咱们的工作状态和刚参加工作的状态差别实在是太大了。”

“刚开始的时候，总想着用自己的激情去改变整个世界，没想到工作几年，就被这个世界给改变了。”

“现在我对待工作急的就做做，不着急的能拖就拖，反正在最后一定会找到解决办法的，慢慢地人都变得越来越颓废了。”同学们也纷纷发表同感。

其实，像张大卫这样的感触我们很多人都有。随着年龄的增长，无论是生活还是工作，我们都会逐渐失去了激情，没有了继续拼搏的动力。做事的时候拖拖拉拉，思考问题的时候懒懒散散，这样的状态长期持续下去，人就变得越来越颓废了。

面对这样的状况，有的时候我们会感觉很难过，看看自己的懒散，再看着刚刚进入公司年轻人的朝气，更是感觉自己已经跟不上时代了。因此不禁要问，以前那么阳光、那么有朝气的自己到哪儿去了呢？

是啊，人的朝气去哪里了呢？答案就是被拖延给磨光了。少年时、青年时，我们面对的是紧张的学业，是师长的督促，是同代人的竞争，在这种情况下，每个人争分夺秒，一刻钟当两刻钟来用。但是毕业之后走入社会，我们需要自己来掌控自己的人生，安排自己的工作，生活中没有明显的竞争，人的紧迫感也就慢慢消失了，拖延开始变成生活中的常态，于是朝气就这样一点一滴地丧失了。

紧迫感的丧失来自拖延，而拖延久了就染上了拖延症，一个得了拖延症的人对于生活的态度便成了能拖一刻是一刻，只求这一刻无事轻松，哪管下一刻十万火急。然而，下一刻终于还是会到来的，就在这不断的十万火急当中，人生开始一次次地失败，而因为失败，便更加懒散，对待生活更加拖延，拖延和懒散形成了一个恶性循环，而这个恶性循环的最终结果就是内心彻底崩溃，整个人陷入一种颓废的状态当中。

颓废是一种怎样的状态呢？就是对所有的事情都感觉浑浑噩噩，没有自己想要参与新生事物的兴趣，总是认为“有什么事也不用着急”，对于自己的工作，总是拖到最后一刻才慢悠悠地去做，没有丝毫自控的能力，当然也不会采取任何的措施来进行自控。

处在颓废中的上班族往往会被同事笑为患上了“更年期综合征”，而处于颓废中的人生，则是一个彻头彻尾没有意义的人生。在这样的人生当中，逃避困难、不肯面对挑战、被动地安于现状成了生活的主题，放弃、逃避成了生活的选择。这样的生活，难道是我们想要的吗？

谁也不希望自己的人生毫无意义，谁也不想让自己看起来就像是混吃等死的蛀虫，而只有摆脱掉拖延症，才能结束这一切。

要养成做事做到位的习惯

在这个社会上，每个人都有自己的位置，每个人也都有自己的职责：医生的职责是救死扶伤，军人的职责是保卫祖国，工人的职责是生产合格的产品，教师的职责是培育人才……

社会上每个人的位置不同，职责也有所差异，但共同有一个最起码的做事准则，那就是做事做到位。做事做到位，就是要有严谨的做事态度，对要做的事情不能敷衍，认真去办，并把自己的事情力争做到最好。

能够做好自己的事情，是成功的第一要素，把事情做到位，是有效执行的第一要素。齐格勒说："如果你能够尽到自己的本分，尽力完成自己应该做的事情，那么总有一天，你能够随心所欲地从事自己想要做的事情。"

反之，如果你凡事得过且过，从不努力把自己的事情做好，那么就永远无法达到成功的顶峰！

对很多事情来说，执行上的一点点差距，往往会导致结果的巨大差异。事情没有做到位，甚至相当一部分人做到了99%，就差1%，但就是这点细微的区别使他们很难取得突破和成功。

闻名世界的“塑料大王”王永庆在年轻时曾经吃过很多苦。早在16岁时，他就用父亲借来的200元钱开了一家不大的米店，米店虽小，但他始终精心经营着。

当时，大米加工技术落后，混杂着很多的米糠、沙粒、小石头等，买卖双方早已是见怪不怪，但王永庆却没有习以为常，他选择了更进一步的服务方式——在每次卖米前都把米中的杂物拣干净。

王永庆卖米多是送货上门，但并非送到就算，他还会帮人家将米倒进米缸里。如果米缸里还有米，他会先将旧米倒出来，将米缸刷干净，然后再将新米倒进去，将旧米放在上层，这样，米就不至于因存放过久而变质。

王永庆的这些行为可以说都是举手之劳，但却为顾客带来了很多方便，不少顾客深受感动，铁了心专买他的米。就这样，他的生意越做越好，最终成为台湾工业界的“龙头老大”。

小小的卖米生意，王永庆却将其做得如此细致、如此到位，这也就难怪他会成就如今的霸业了。所以，我们也就不难想象，为什么像王永庆这样的成功者在世界上永远只是少数，正是因为那些富有和他同样理想的人，都是在做事不到位上把自己的成功机会给扼杀了。

我们生活中出现的很多问题，一开始的确只是一些细节、小事上做的不完全到位，但恰恰就是这些细节的不到位，常常会造成较大的影响。

比如，水温升到99℃，还不是开水，其价值有限；若再添一把火，在99℃的基础上再升高1℃，就会使水沸腾，并产生大量水蒸气来开动机器，从而获得巨大的经济效益。

100件事情，如果99件事情做好了，一件事情未做好，而这一件事情对自己来说可能就是百分之百的影响。

一个人看见一只幼蝶在茧中拼命挣扎了很久，觉得它太辛苦了，出于怜悯，就用剪刀小心翼翼地将茧剪掉了一点点，让它可以较为容易地爬出来。然而，这只幼蝶爬出不久就死掉了。这是因为，幼蝶在茧中挣扎是生命过程中不可缺少的一部分，是为了让身体更加结实、翅膀更加有力。即使是一个小小的外力的作用，都会让它的发育和成长无法达到正常的标准，丧失生存和飞翔的能力。

遗憾的是，现实中像幼蝶这样的事情却时有发生，而且很多情况下都是源于做事者自身的不良心态：

做作业时马马虎虎，考试时粗心大意，面对错误敷衍塞责；只管上学、上班却不问贡献；只管接受安排、指令却不顾结果；得过且过、应付了事，将把事情做得“差不多”作为自己的最高准则；做事情能拖就拖，很少在规定的时间内完成任务……

这些统统都是做事不到位的具体表现。而这样做事的人，又怎么能担当重任呢？

做事做到位是每一个人最起码的做事准则，也是最基本的做人要求。只有做事做到位，你才能真正提高办事效率，才能获得更多的发展机会，才能赢得学业和事业上的成功。因此，你必须养成做事做到位的好习惯。

首先，必须拒绝投机取巧。

很多人常常不愿意付出与成功相应的努力：他们希望到达辉煌的巅峰，却不愿意经过艰难的跋涉；他们渴望取得胜利，却不愿意做出牺牲。这是一种普遍的投机取巧心态，而成功者的秘诀之一就在于他们能够超越这种心态。

无论事情大小，如果总是试图投机取巧，可能表面上看来会节约一些时间和精力，会获得一时的便利，但结果往往是浪费更多的时间、精力和钱财，甚至会在心里埋下隐患，使自己的意志无法坚定，也就无法实现自己的任何追求。

从长远来看，投机取巧有百害而无一利，不但会令人的能力退化，还会令人心灵堕落。只有勤奋踏实、尽心竭力地做事情才是最高尚的，才能给人带来真正的幸福和乐趣。

其次，做事情要一丝不苟。

有些人内心充满了激情和理想，然而一旦面对平凡的生活和琐碎的事情，就变得无可奈何了，就会对自己说："如此枯燥、单调的事情，根本不值得我全心投入！"

在实际生活中，我们必须脚踏实地，衡量自己的实力，不断调整自己的方向，一步一步才能达到自己的目标。每一件事，不论大小都值得用心去做，而且对于那些小事更应该如此。那些在事业上取得一定成就的人，他们无一不是从简单的事情和低微的工作中一步一步走上来的。他们总能在一些细小的事情中找到个人成长的支点，不断调整自己的心态，用恒久的努力打破困境，走向卓越与伟大。

一位先哲说过："如果有事情必须去做，便积极投入地去做吧！"做事情一丝不苟，能够迅速培养我们的品格，使我们获得智慧，加速我们的进步与成长，带领我们往好的方向前进，鼓舞我们不断追求进步。

第三，要追求一种精益求精的做事状态。

一年365天，一天24小时，一小时60分钟……一些人经常是在应付中生活，与应付相伴，做一天和尚撞一天钟，而从不打算去认真、踏实地做好每一件事。他们没有奋斗目标，没有成就感，终日心思惶惶，过着"优哉"的生活。

这是一种缺乏责任心的表现，也是隐藏在成功道路上的一颗定时炸弹，一旦时机一到，就会轰然爆炸，贻害无穷。有些人本来具有出众的才华，很有前途，但因为没有养成精益求精的好习惯，后来也就无法成就一番伟业。

做事是我们生活的重要组成部分，如果总是应付了事，不但会降低做事的效率，而且还会使我们丧失做事的才能。成功者无论做什么事情，都会以最高的规格要求自己，能做到最好的，就必须做到百分百。

1987年，一个与国内房地产公司合作的外资公司的工程师，在拍摄项目的全景时，本来在楼上就可以拍到，但他硬是徒步走了两公里爬到一座山上，连周围的景观都拍得很到位。

当时，有人问他为什么要这么做，他只回答了一句："回去董事会成员会向我提问，我要把这整个项目的情况告诉他们才算完成任务，不然就是事情没做到位。"

这位工程师的个人信条就是："我要负责做的事情，不会让任何人操心。任何事情，只有做到100%才是合格，99分都是不合格，60分就是次品、半次品。"

一个人成功与否，就在于他是不是做什么事情都力求做到最好。事无大小，竭尽心力，力求完美，执行到位，这是成功者的标记。所以，只要你能够动用自己的全部智能，把事情做得比别人更完美、更快速、更准确、更专注。这样，才能成为一个执行超人，一个成功的人。

为自己要做的事设定一个期限

有没有意志力完成一件事，很多时候是对自己要求严不严的结果。为自己设定一个期限，从某种程度上就会强化完成事情的意志力。缺乏意志，做事就会出现拖延现象。

“拖延”二字，本身就包含着难以到达目标的意思。拖延会给我们的生活带来严重的干扰，以致我们几乎无法完成所设定的目标。即使最终完成了目标，其间也经历了很多痛苦的挣扎。

经常拖延的人，很难确定奋斗目标，因为他们经常忙着设定目标，但所设定的目标又总是模棱两可，或者缺乏时间期限。比如，“今天我得做完一些事”或“我准备在几个月的时间里完成这项工作”。如果以这样的方式设定目标，不仅目标含糊不清，完成的时间也没有限制，反而更容易引发拖延的问题。

19 世纪浪漫主义时期的伟大诗人柯勒律治，本来可以取得辉煌的成就，但本该属于他的荣誉却被授予了与他同时代的威廉·华兹华斯。

柯勒律治的悲剧性缺陷就是拖延，甚至是一种病入膏肓的拖延。他会延迟作品的写作以及承诺的履行，有时长达几十年之久。他的诗篇中最著名、至今仍在英国文学课堂上被广泛学习研究的篇章，都显露出了拖延的痕迹。《忽必烈汗》《克里斯德蓓》等，最终都以残篇（即未完成的作品）的形式发表，而发表时距他动笔已经有20年时间了。虽然《老水手行》是完整的，但也推迟了5年才付印。

拖延也给柯勒律治带来了很坏的影响。作家莫莉·雷菲布勒在《鸦片的束缚》一书中这样描述："他的存在变成了一长串连绵不绝的拖延、借口、谎言、人情债、堕落和失败的不快经历……"

同时，财务问题充斥着柯勒律治的生活，尽管大多数项目计划周密，但却很少启动或完成。他的健康状况也一塌糊涂，而鸦片成瘾又加剧了健康的恶化，而他整整拖延了10年才去接受治疗。日益逼近的截稿期限所带来的压力，也消解了工作本身的乐趣。他说："一想到我必须加快步伐，写作时最惬意的时光就会戛然而止。"因此，他也失去了仅有的几个朋友，他的婚姻也因拖延而告吹。

本该是一位能够获得巨大成功的伟大诗人，却因拖延而失去了成功的机会，甚至还因此失去了财富、健康与幸福。可见，要想不让自己步柯勒律治的后尘，必须要有意志力战胜拖延。

做事缺乏意志力而拖延，说白了就是搁着今天的事情不做，而留待明天去做，在这种拖延中所耗费的时间、精力足以将那件事做好。整理以前积累下来的事情，可能会使人感到非常不愉快。很多人都会有这样的心理，本来当初一下子就能轻松愉快地做好的事，拖延几天、几周之后，就显得惹人讨厌与困难了。所以，拖延不仅是完不成事情，而且还会给自己带来负面情绪。既然如此，为什么不当时就完成呢？对那些喜欢拖延的人来说，给自己设定一个完成任务的最后期限，并且要求自己严格遵守，不可超过这个期限。坚持下去，就会发现自己正在渐渐远离拖延这个坏毛病，自控力也一步步地不断提升。那么，怎样才能做到在期限内完成任务呢？

1. 计划好自己完成任务的时间

准备完成一项工作或任务时，提前给自己设定一个截止日期，规定最晚在什么时间完成。否则，可能要花费比实际需要多几倍的时间才能完成，不仅不利于工作或任务的顺利进展，还会加重拖延现象，不利于意志力的培养与提升。

计划好自己的时间，将工作或任务之外的事情都考虑进去，如休闲、运动或陪家人的时间等，不要将这些因素作为借口进行拖延。

如果没有空闲时间，不妨随身携带一个未完成任务的列表。如果有空闲时间，可以做一些有计划的休闲活动，或进行一些思考。

不要在没完成任务时进行毫无计划的放松，尤其是在给接下来的工作确定了截止日期的情况下。如果不好好控制时间，就可能打破截止日期，浪费时间。

2. 设定专注时间，让工作更高效

在工作中出现拖延迹象时，不妨给自己设定一个专注时间，并开始倒计时。这样，心理上就会产生紧迫感，从而促使自己更加集中注意力完成任务。

这种方法很有效，也更易于操作，是一种化整为零的思想。

设定 20 分钟为一个工作的专注时间段。在这 20 分钟内，必须专注于眼前的工作，不受任何干扰，直到 20 分钟的闹铃响起。

休息 5 分钟，可以做做深呼吸，或到户外活动一下，让自己的身心适当放松，然后再设定下一个 20 分钟的专注时间段。

如果20分钟还是让你感到无法承受，那么可以先设定较短的时间段，如10分钟、5分钟，甚至1分钟的期限。如果在这个期限内能专注工作了，就试着适当增加专注时间段的长度。

当在工作时间段内被干扰或无法继续下去时，可以看一下工作时间段的剩余时间，然后暗示自己再坚持几分钟就结束了，从而锻炼自控能力，不让自己拖延。

3. 尝试“创造性拖延”

所谓“创造性拖延”，就是在完成工作的期限之内，重新调整需要优先处理的短期工作（或步骤）。比如将自己喜欢的那部分工作（或步骤）提前完成，而将自己不喜欢的那部分推后完成，这样也能够实现总体的工作目标，并且还能避免精力的耗费。

需要注意的是，优先处理的短期工作必须与总体工作目标有关，不能是其他的无关工作。

拖延是一种无所谓的耽搁

有些人提起拖延，总是带着一种无所谓的表情。在他们的内心深处，把拖延看成是一种无所谓的耽搁。要知道世上有多少事，是在耽搁中荒废了。如果你是一个习惯于拖延的人，首先要从心里重视起来，然后再试图改掉这一恶习。因为拖延不是一种无所谓的耽搁，它关乎着个人的成败，关乎着企业的兴衰，关乎着国家的兴亡。

如果妻子懒于做家务，可能会造成一桩婚姻的瓦解，如果一个人延误了看病的时机，甚至会带来生命危险。要知道，拖延这个坏习惯不是无伤大局的，它不仅能使你的抱负落空、幸福溜走，甚至会危及你的生命。

要做某件事情之前，为自己设定一个期限。但不要暗地里为自己设定一个期限，那样的话，你就容易找个借口而让这个设定作废。在设定期限的时候，一定要让其他人都知道，并且是那些关注你的人，希望你能把事情做好的人。

有些人做事之所以会拖延，是因为他们太过于追求完美，高标准容易让人止步不前。之所以迟迟不开始行动，就是害怕自己干得也许不如期望中那么完美。如果你恰好是这种人，一定要说服自己，凡事不必苛求完美，只要尽力做到最好就可以了。

如果你已经准备充分，但是心中还是有顾虑，那么就设定一个开始的时间，这个时间要尽量短。比如你可以5分钟为限，5分钟一到，立即投入要做的事情之中。先不要考虑各种长期的计划，应争取充分利用眼前的时间做自己要做的事情。一旦投入进去，你就会发现，事情比你想象的要简单很多，即使不那么简单，只要有信心去克服，也没有什么可怕的。

你还可以给自己安排出固定的时间，如周一晚上9点至10点专门做曾被拖延的事情。你会发现只要在这一个小时内专心致志地做事，往往可以做完许多被自己拖延积攒下来的事情。当然，最好是想到的事情马上去做，而不是安排出某一固定时间专门做积攒下来的事情。

如果你已经想到了该做而一直没有做的事情，现在就去做吧。如果你想打一个电话联系一下很久没联系的老友，那就马上拿起电话吧。如果你想进行你的写作计划，那么现在就坐下来构思吧。在采取实际行动之后，你会发现，做事情是很快乐的，你很可能会喜欢上自己一再拖延的事情。在具体行动中，你会逐步打消自己的各种顾虑，获得好的效果。

在闲暇时间，你可以问问自己："如果我做了自己一直拖延至今的事情，最坏的结果会是什么呢？"其实，结果不如期望的完美，那又怎样呢？有时候，结果往往是微不足道的。你去做了，至少证明你够努力，够勇敢。认真分析一下自己的畏惧心理，你会懂得自己的畏惧其实毫无道理。

认真审视自己，找出自己曾经回避的各种事情，并且从现在起逐步消除自己对真正生活的畏惧心理。在现实生活中，拖延时间意味着要为将来的事情而忧虑。如果你把将来的事情尽快实现，这种忧虑心理必然会消失。

有人喜烟，有人嗜酒。他们也知道其中的危害，但是苦于没办法戒掉，每当说要戒掉的时候，总是会找出各种戒不掉的借口。其实，只要你已经想到了，赶紧去执行就是了，不要在脑子里再想来想去，那样的话只会浪费时间。如果你真的想减肥，那就必须每个星期拿出一点时间来计划下一个星期的食谱，并按食谱上所列到商店采购，尽可能把食物备齐。你可以预先把蔬菜洗净切好，放在保鲜袋里，在你时间较紧，想简单吃点东西时就可以很方便地拿来加工。

千万不要因为你减肥不成功，就责怪天气太冷，自己不得不多食能量御寒；或者责怪家人，总是做那么油腻的饭菜；或者是责怪工作太繁忙，根本没时间制作减肥餐，没时间锻炼。其实你的这些所谓的理由，都是借口，你减肥不成功，问题就在你自己身上，抽点时间，好好做个计划吧。其实，每个星期只要拿出一点时间稍做计划、就能让你在下一个星期里既能吃得满意，又能继续减肥。

所以，如果你是个拖延者，那么就花点时间，找到习惯拖延的具体方面，然后想办法去征服它。突破办事拖拖拉拉的作风，你会有一种解脱和成功的感觉，一旦你爱上了这种感觉，解决其他问题也就方便了。

第三辑 拒绝了借口，你就拒绝了拖延

假如有人问你：为什么工作没有按时完成？你一定会用这样的模式回答："因为……"假如你问别人为什么事情没有按时完成，他们回答你的模式也是一样的："因为……"我们把这样的回答统称为"借口"。一个人要是不拒绝借口，就永远都是一个做事拖延的人。

拖延都是因为有一个借口

永远也不要想着将今天的工作拖延到明天再去做！如果在工作中你总是指望着明天，那么你就已经失败了——因为明天之后总还有另一个“明天”。一个不为自己找借口的人往往是从今天、从现在做起的！我们没有其他选择，因为对于现在的我们来说时间是有限的，而我们能够有所作为的正是这有限的时光！而拖延则是成功的最大劲敌，任何拖延的理由都会有一个借口！这是工作中最不可饶恕的恶习。比如：

“我忙了一天，都快要累死了，这点事还是留到明天再处理吧！”上班族说。

“这个事情投入太大了，反正不着急，还是留到以后再做吧！”公司老板说。

“我的压力太大了，所以走上吸毒这条邪路。”某明星说。

……

很多人都会为自己的拖延寻找各种各样的借口，所以，千万别把任何计划的起点都定在明天，因为当你正计划着明天的种种“美好”时，不知不觉中就为自己找了借口，而时间也渐渐地从你的借口中悄然地流逝。

今天的工作没有处理完拖到明天解决的话就有可能变得更困难，而且明天还有明天的事情。长此以往，事情就会越积越多，当你每天都在压力下处理繁重的工作，渐渐地工作就会变成沉重的包袱，而拖延就是勒在你脖子上的绳索，让你不堪重负，让你喘不过气来！

海尔总裁张瑞敏在空闲时间里会去巡视一下自己的公司。

有一天深夜，他发现一间办公室的灯还亮着，可能是员工下班的时候忘记了随手关灯。一向严厉的张瑞敏肯定不会饶恕这种浪费行为。

他走到那间办公室推开门一看，一位员工正在打字机前忙碌着。

“我们并不鼓励疲劳工作。”张瑞敏轻咳了一声。

“对不起，董事长——由于多了一份资料需要处理，所以我打算留下来做完。”

“那也可以等到明天上班的时候再做啊。”张瑞敏的口气缓和了下来。

“因为这是今天的工作，我必须今天做完，明天还会有新的工作要完成！”那位员工毫不犹豫地说。

张瑞敏震惊于这位员工对工作负责的态度和毫不拖延的工作作风！

第二天，这位员工就成了张瑞敏的私人助理。

一张地图，不管比例多么精确，如果拖延着而不去旅行，就永远不可能带着它的主人在地面上移动半步！一个国家的法律，不论多么公正，如果迟迟得不到执行，就永远不可能防止罪恶的发生！一张藏宝图，即使是所罗门的羊皮卷，如果拖延着而不马上动身去寻找，就永远不能带来任何财富！一个人，即使拥有渊博的知识、丰富的经验，如果每件事情都拖延，也只能落在别人的后面，永远与晋升无缘！

如果公鸡每天拖延两个小时才开始报时，那么世界会变成什么样子？同样，不难想象，如果凡事拖延，我们的人生又将是什么样子！

执行就是一场战斗，要想取得胜利，必须要有高效的、战斗力强的人。因为来一场成功的执行是绝对不需要那些拖拖拉拉、没有时间观念的人的。

成功的人每时每刻都在重复这句话，直到它好比呼吸一般，成为一种赖以生存的本能，成为一种终生相伴的习惯！

千万别试图为自己寻找任何拖延的借口——尽管可以毫不费力地找出成千上万个；拖延的任何理由都绝对是借口！成功不能等待，如果你拖延，成功就会投入别人的怀抱，永远弃你而去！

要明白好多事情都能轻易完成

生活中的很多事情可能并没有想象中的那么困难，所谓的困难也许只是自我警告或者不自信的表现，只是给了自己一个拖延的借口。

王亚在公司已经工作三年了，她是公司后勤人员，这几年无论是工作还是生活都很平静，每天都是帮同事买咖啡、整理文件、检查邮件等，事情虽然繁琐，但是都很简单，可她却总是忙得团团转。

一天，老板把王亚叫到办公室，给她安排了一项工作：做一份策划书，下周一的时候做汇报。这对于王亚来说是一次非常好的锻炼机会，可是每当她想要坐下来工作时，心里就会袭来一阵慌乱，挥之不去。她想象周一汇报时：投影仪不能工作；手忙脚乱的自己把咖啡洒在文件上；汇报时张口结舌，表述不清楚自己的想法。她仿佛看见各位领导坐在会议桌前，双臂交叉、表情严肃，不停地摇头。更糟糕的是她想象到老板说："你做得太差了，我没有办法继续录用你！"她被自己想象到的场景惊吓出一身冷汗！

同样被安排任务的陈鑫，与王亚的工作能力相当，甚至还不如她，当他接到老板的任命时也很紧张，但是，他不断地告诉自己，这是自己的机会，要努力地试一试。他努力地将自己调整到最好的状态，想象着同事们崇拜的眼光和领导的掌声，开始心平气和地查资料，做策划，最终充满信心地做完了汇报。

事情真的有想象的那么难吗？我们真的不能做好吗？没有试一试又怎么知道呢？所谓"事在人为"，只要有信心，"铁杵磨成针"。一项随机调查显示，当生活或者工作中遇到新问题或者新任务时，80%的人都会产生恐惧感。其中，60%的人感觉自己肯定不行，不敢去尝试，把事情搁置，直到必须做时才做；25%的人没有信心，但是愿意试一试；只有15%的人果断地说没有问题，会尽全力做好。事情真的有那么困难吗？我们的能力真的不够还是连思考都没有就直接选择了逃避呢?

从出生的那一刻起，我们就在不断尝试着进入并且逐渐地融入这个五彩缤纷的世界。我们试着寻找食物让自己生存，试着表述自己想要的和不想要的，试着爬，试着坐起来，试着走路，随着慢慢长大，我们发现有太多的东西需要尝试。孩子在迈出第一步的时候，是不是也感觉很困难呢?

其实，生活中很多的事情都是可以很轻易就做到的，是我们自己给自己的暗示，无形中加重了自己的心理负担，自己先给了自己一个“下马威”。我们对事情产生了恐惧，不敢去尝试，又怎么可能完美地把事情做好呢?

除此之外，还有一个至关重要的因素，那就是“拖延”。很多时候我们不是不能做好一件事，而是因为不想做，是内心的逃避意识在作祟。在生活或者工作中，往往有太多的选择和诱惑，它们总是让我们忍不住说上一句:“不着急，再等等吧，等到了明天我再做！”“我还要做……这个先放一放！”“我得先好好规划一下，然后才能做！”“这个实在是太难了，压力好大，先上会儿网，放松一下，我得好好想想再说”。我们总是给自己找出各种不成文的借口，把事情搁置，到最后赶工，甚至无法完成，或者一拖再拖，造就了无数的“明天”！

当我们面对困难、面对需要解决的问题时，该怎样做呢?

首先，我们可以试着想一想自己以前曾经做过的事情。大多数人可能没有什么丰功伟业，但是肯定会有一两件完成得很漂亮的事，如果实在想不到就去看看学习走路的婴儿吧！我们可以站在这里，成功地从婴儿活到现在，就证明我们已经“成功”了！相信自己是成功的第一步，如果我们自己都把自己看扁了，那如何让别人相信自己呢？这可能就是人们所谓的“精神力量”。

其次，尝试是我们需要踏出的第一步，不要考虑结果，告诉自己不管怎么样都要试一试，真正失败了也没什么，“失败乃成功之母”嘛！除此之外，不要给自己找任何借口，因为这都是在逃避问题、拖延时间的表现，既然早晚都要面对，那就赶早不赶晚吧。

再次，“赶早不赶晚”只是告诉你不要拖延，并不是说不需要规划。虽说“计划赶不上变化”，但是，我们要做到心里有数，最起码知道自己哪个时间段应该做什么事。

服从上司安排不找任何借口

除了服从之外没有任何借口，服从——100%地接受！“没有任何借口”是对服从最好的注解！上司费神地讲了一大堆道理给你听，这是他对你的尊重。这时，你就无需讲很多理由去分散他的讲话精神了。“服从”所表现出来的，是你对工作任务100%地接受。

大多数的人都认为，上司下达的命令只要是对的就去服从，不对的就不服从。其实这种观点存在认识判断标准上的错误。对于上司下达的指令我们应该无条件地服从，然后立即去行动。

沃尔玛采购部的经理摩尔紧张地放下电话嚷了起来：“糟了，糟了！那家的货根本不合规格，还是迈克尔的货好。”他懊恼地说道：“但是刚刚我还发E-mail把迈克尔臭骂了一顿，我为什么那么糊涂，这下真的麻烦大了！”

秘书玛丽小姐站起来转身说：“是啊！那时候我劝你再好好想想，可是你完全不听我的话啊！”

摩尔说："当时我是在气头上，以为迈克尔一定骗了我，要不然也不会变成现在如此尴尬的局面。"

摩尔坐立难安，突然指了指电话说："要不我现在就打个电话向他道歉！"

玛丽一笑，走到摩尔桌前说："经理我告诉您一件事，其实您让我发的那封邮件我根本没有发。"

"没发？"摩尔惊奇地停下脚步，问道。

"对！"玛丽笑吟吟地说。

摩尔心中的石头总算是落地了，想了一会儿又突然抬头问："当时我不是让你立即将这封邮件发出去的吗？"

"是啊，但是当时看您正在气头上，怕发了以后您会后悔，所以我就没有发出去！"玛丽转过身，歪着头笑笑。

"压了整整四个星期？"

"是的！您没想到吧？"

摩尔低下头去，翻开记事本："我是没想到，但问题是我让你赶紧发，你怎么不照办呢？那最近中欧那几份文件你也没有发？"

"那些早就发过了，我知道什么该发，什么不该发！"玛丽的脸更亮丽了。

摩尔激动地站起来问道："那到底是你做主还是我

做主？”

玛丽愣住了，颤抖着问道：“我做错了什么吗？”

摩尔斩钉截铁地说：“是的，你做错了！”

玛丽只是被记了一个小过，在公司里没有一个人知道，除了摩尔。玛丽觉得一肚子的委屈，再也不要伺候这样的上司了，真是好心没好报！于是她跑到经理的办公室诉苦，希望把自己调到他的部门。

“不急，不急！”经理笑笑说：“我会处理。”

过了两天，玛丽就被这家公司解雇了。

作为企业的员工，你必须清楚地明白：不管你的上司给你多大的权力，让你管着多少事情，甚至非常依赖你，到了没你不行的地步。但是永远不会改变的是他是你的上司，无论什么事情都还是由他做主，所以你必须做到无条件地服从。想要使自己在职场上立住脚，必须要视服从为天职。我们每一个人都有自己独特的个性，要想让自己做到“没有任何借口地服从”是一件非常困难的事情。而沃尔玛将“没有任何借口地服从”视为优秀雇员的重要行为准则，必定有着一定的道理，而绝非空穴来风！服从要强调的第一点就是在服从面前没有什么理由拒绝。在上司面前你必须要理由少一些，行动多一些。

想要成为一名执行力很强的人，就应该像军队的士兵一样，说立正就立正，说向右转就右转，一个命令下去，坚决执行。在服从面前从来就没有理由可言。

每个人都要使自己在命令面前坚决做到义无反顾地服从。社会需要这种直截了当的、没有阻力的传递过程，这是非常重要的一个参数或者指标，是管理效能的一个非常重要的方面。当主管在会议上宣布一项工作或者安排工作的时候，如果你马上就列出一堆理由证明你有很大的困难，这个时候的你必然是不受欢迎的。

最好的办法就是不管你会遇到什么样的困难，首先把上司分配给你的任务接下来再说。如果真的有无法解决的困难，可以私下去跟上司进行沟通。你如果在会议上提出反对意见，是非常不明智的，因为主管的工作是一系列的，不可能因为你而影响整个工作的进程。还有就是你的上司指派给你的任务，包含了他自己的判断，如果你和他说这里面会有什么样的困难，那也只会是你自己的判断而已。

总而言之，服从对任何人或者是一个团体来说都是非常重要的。远离拖延症，我们要不断检讨自己的行为、尽量去磨合自己所谓的“个性”，只有这样才有可能提高自己的执行力。

“没有任何借口”是西点军校几百年来奉行的最重要

的行为准则，它所强化的是无论任务有多么的困难都需要学员自己想办法去完成，而不是为自己没有完成任务去寻找借口，哪怕是冠冕堂皇的借口。秉承这一理念，无数西点毕业生无论在什么领域都能够取得非凡的成就。

现实生活中有这样两类人：一类是做任何事都不会为自己寻找借口的人；另一类是做什么事情都会为自己寻找借口开脱的人。我们常常会听到这样的借口：“那个客户真烦，我对付不了了”“现在我有事，等明天再说吧”“时间太短了，这个工作根本完成不了”“我很忙，现在没空”等，诸如此类。对于企业来说缺少的正是那种想尽办法去完成任务，而不是去寻找借口的人。

有着强大执行力的人在工作中从来不会为自己寻找借口，他们总是能够将老板布置的任务做到超出老板的预期，把每一项工作尽力做到“满意加惊喜”而不是寻找借口推诿！“没有任何借口”地去做事情的人，他们所体现出来的是一种诚实、服从、负责敬业的精神，是一种完美的执行力。

“没有任何借口”理念的核心是敬业、责任、服从和诚实。而正是这一理念提升了企业的凝聚力，同时也是建设企业文化的最重要的准则之一。

借口是拖延滋生的温床，一个习惯拖延的人常常也是制造借口的专家，这样的人一般在做出决定或者是做出抉择要付出劳动的时候，总是习惯性地找借口来安慰自己。有了这样的习惯，做起事情来就会毛毛糙糙，不能按部就班地完成。

替自己找借口的唯一好处就是可以将责任推卸掉，这也是为什么会有那么多为自己找借口的人。这样的人，在企业里是不会被看好的，更不会得到老板的期待和信任！

所以，遇到什么事情千万别为自己找借口，有找借口的时间还不如努力工作，因为工作中本来就没有借口，人生中更没有借口——失败不会因为借口的存在而远离，成功也不会属于那些寻找借口的人！

积极服从是完美执行的开始

没有服从谈何执行，而执行都是建立在服从的基础上的。没有服从，无论多么完美的方案都不会被推广，也没有丝毫价值。

西点军校训练学员的执行能力时，第一课教的就是如何学会服从。西点军校认为：服从是执行之母。进入西点军校的新生必须花一整年的时间学习服从的各个层面：自律、处理压力、善用时间。

西点军校的学员不能开车进出校园；不能在宿舍里看电视和听收音机，只能够在大厅集体观看；校园里每天播放的只有军乐没有其他音乐。所以学员们都将西点军校称为野兽营。到了毕业的那天，学生常用传统抛帽方式来庆祝自己终于度过那艰苦的学业历程。

西点军校的执行教育分为四阶段，这与企业管理之间的执行方式是不言而喻的。你也许会说："那些对西点军校或许很管用，但是跟我有什么关系呢？"

其不然，这些是和我们密切相关的。西点军校的执行教育历久弥新，这套教育体系不仅适用于个人，更适合于企业管理。西点军校传统上对荣誉、言行合一、纪律的观念，都能够解决企业面临的实质性问题。西点军校严格的制度和以服从为遵旨造就了一大批商界、政界的人才。如今越来越多的西点军校毕业生开始在美国商界崭露头角，如美国在线前首席执行官詹姆斯·金姆塞、美林在线投资部主管克里斯蒂娜·尤哈兹等人。

西点军校对学生"准时、守纪、严格、正直、刚毅"的教育训条，得到了成功商界人士的一致肯定。西点军校那一套执行教育方式和培训的经历是帮助他们担任商界领导的重要法宝之一。如果说哈佛商学院是商界人才的培养基地，那么，西点军校则是商界人才的发源地。美国前500强大企业教给人的是伦理和经验，而西点军校教给人的则是执行力。这些都已被世界工商管理学专家确定为成功者必备的执行素质要求。

山姆刚进微软公司时，被选派到包装部门专门做糊纸箱的工作。他觉得很乏味，本想停止不做，又怕找不到别的工作，为了适应，他只好想办法让自己对工作感兴趣。

不久之后，他的领导才能便渐渐地彰显了出来，于是他就和旁边的工作人员比赛糊纸箱，看谁的速度比较快。他让一名工人负责检查纸箱的质量，另一位负责将箱子搬到仓库。山姆快速的工作使总监对他留下了深刻的印象，没过多久便提拔他到另一部门任组长，三年过后山姆成了微软公司成品包装部的部长。

假如当初山姆没有服从公司的分配，毅然离开微软，也许他现在还在为寻找一个更为满意的工作而奔波。

现代社会的作业方式已越来越流水化、单纯化，无可否认，这导致我们的执行能力比较低下。如果适应不了这样的环境，不能很好地去了解工作的各个环节，又怎么能够成为一个执行力非常强的人呢？

服从是完美执行的开始。遗憾的是，很多人往往没有把握好服从的角色，自以为有些事情的决策和行为都与自己无关，缺乏服从组织的根本利益和大局的意识，甚至于做一天和尚撞一天钟，执行就成了一句空话。

做一名有着完美执行素养的人，必须在服从上司的指令中，努力学习榜样的技能。让自己和部门的整体士气和凝聚力保持一致，使自己的个体行为以团队为中心成为一种互动关系，无形中指挥、命令和影响了其他人，使他们对自己的一言一行做出相应的反应。

对问题一不辩解，二不推拖

有些人在工作中出现错误时，就会找出一大堆理由来为自己辩解，并且说起来振振有词、头头是道，他们认为这样就能把自己的错误掩盖，把责任推得干干净净，但事实并非如此。老板也许会原谅你，但同时也会对你留下不好的印象。

有一位工程师毕业于一所名牌大学，有着丰富的经验和学识。但是他有个不好的习惯，就是犯错误的时候总是喜欢替自己找借口。当他刚应聘到一家工厂时，老板对他非常信赖，什么事情都让他大胆地去做。结果，在发生了很多次错误之后，而且有些错误明显是由于他的失误造成的，可他总有一条或数条理由为自己辩解，就是不愿意勇敢地承认自己的错误。因为董事长并不懂技术，常被他驳得无言以对。

最后，老板实在是不能够忍受如此不负责任的工程师，只好让他卷铺盖走人。

当犯错误的时候我们应该主动去承认自己的错误并且勇于去承担相应的后果，只有这样我们才能够在今后的工作中更加小心谨慎，而且还能够给人留下很好的印象，使人能够更加信任、尊重我们。

美国成功学家格兰特纳说过这样一段话：如果你有自己系鞋带的能力，你就有上天摘星星的机会！一个人对待工作、生活的态度是决定他将来能否做好事情的关键。大多数人在遇到事情的时候都会找借口为自己开脱，他们在为自己找借口的时候，一般都会这样说：这几天实在是太忙了，有时间我就会去做；他们的能力实在是太强了，我根本无能为力；他在做这件事情的时候根本就没征求我的意见，所以这不应当是我的责任……这样一旦养成了习惯，当遇到困难和挫折时，就不会积极地去想办法去解决，而是找各种理由和借口开脱。渐渐地就会形成这样的局面：每个人都努力寻找借口来掩盖自己的过失，推卸自己本应承担的责任。

有一天，主管向总经理埋怨材料供应商办事效率极低。"下个星期我们有一批很重要的货要批出去，如果没办法如期拿到材料，我们公司就不能准时交货了。本来一个月前就该送到我们公司了，那家材料供应商根本没在想办法。"

公司的总经理问他："这个问题你是怎样处理的？"主管一脸惊愕地回答说："这件事我也是刚刚才知道，这不关我的事，也不在我的工作范围之内。"

很显然这位主管把自己的职责范围划分得很小，这是为自己的失职寻找借口。一个执行力很强的人无论是工作之内的事情还是之外的事情，都会把它处理好。尽自己最大的努力每天多做一些分外的事情，多做一些有利于他人以及工作的事情，这样工作才不会拖延，而且还会越做越好。

在一家外企担任秘书的苏菲，每天的工作就是整理、撰写和打印一些材料，许多人觉得她的工作枯燥无味，可苏菲却不这么认为，她觉得自己的工作非常好。她说：“检验工作的标准并非你做得是否好，而是你能否发现工作中的缺憾。”

苏菲每天都仔细认真地做着自己的工作，时间长了，细心的她发现企业的文件中有许多问题，甚至企业的一些经营运作也有问题。

因此，除了完成每天必须要做的工作外，苏菲还很细心地搜集一些资料，甚至是过期的资料，她还查阅了许多关于经营方面的书籍，将这些资料分类整理，然后进行分析，写出自己的建议。最后，苏菲将打印好的分析结果以及相关资料一起交给了公司总裁。

公司总裁读了苏菲的这份材料，感到很吃惊，一位年轻的秘书竟然有如此心思，而且分析得井井有条、细致入微。总裁非常欣慰，他认为这种员工是企业难得的人才，也是企业的骄傲。

苏菲很快赢得了总裁的器重，获得了提升。苏菲认为自己只是比常人多做了一点点而已，可总裁却认为她为企业做出了卓越的贡献。

无论做任何事情心中都要怀着一份责任，无论身处什么岗位都要对自己的工作负责。做工作就是不找任何借口地去执行。不要任何借口来为自己开脱或搪塞，完美的执行是不需要任何借口的。

尽管失败的借口有成千上万，但是永远不会改变的是：成功的原因只有一个，那就是为了自己的目标不断地努力奋斗。所以，在今后的工作中遇到问题，不要总是千方百计寻找一些主观或客观的原因。只有在工作中养成良好的习惯，不让借口成为自己成功路上的绊脚石。成功才会离我们越来越近。把寻找借口的时间和精力用到努力工作中去，因为工作中没有借口，人生没有借口，失败也没有借口，成功永远不会属于寻找借口的人！

第四辑
行动不迅速，执行无期限

很多人有这样的经历：将今天的事拖到明天，结果是，到了明天，要么是忘记了去做，要么是“明天”比今天还忙，事情只有再往后拖。拖延，很多时候是因为行动不及时。所以，千万不要把事情拖到明天，迅速行动，才能保障执行力。

你究竟要等到什么时候

请你现在就开始行动，如果不立即行动，一切理想都毫无价值；计划渺如尘埃，目标也不可能达到。一切的一切毫无意义——除非你立即行动。

行动像食物和水一样，能滋润我们，使我们成功。所以说让我们一起抓紧时间，立即行动。

抓紧时间立即行动要成为一个口号，来感召那些因拖延时间而裹足不前的人。拖拉的原因可能是因为有所恐惧，要克服恐惧必须毫不犹豫，抓住时间，立即行动，唯有这样，心中的慌乱才能得以平定。立即行动会使怒狮般的恐惧减缓为蚂蚁般的不屑一顾。

抓紧时间立即行动！只有立即行动才能得到萤火虫的启迪：只有在振翅飞动的时候，才能发出光芒！希望能像萤火虫一样，即使在艳阳高照的白天，也要发出光芒，照亮通向目标的路。

1924年乔治·马洛里带着一个信念，为了一句名言：

“因为山在那里。”不远万里来攀登那个足以让每一个登山者热血的珠穆朗玛峰。就因为山在那里；就因为一个长久的信念，他决定立即行动。

那一双脚或许就是为亲近珠穆朗玛峰而生，它走了那么多路，每一步都是为了与这次行动缩短距离。

陪同他前往的是一个不会说话的美丽影像——他妻子的照片。他有一个无比浪漫的计划，将妻子的玉照放在珠穆朗玛峰的山顶上。他要和生命中的一个挚爱共同分享另一个挚爱。

然而，他却在雪雾中失踪了。

1999 年，埃里克·西蒙森率领一个探险队攀登珠穆朗玛峰。在距顶峰只有 600 米远的地方，他们发现了乔治冰冻了 75 年的遗体。

所有的人都在为他惋惜，同时也为他骄傲，他虽然没有达到那个目标，虽然没有完成那个计划，但是他的行动让全世界的人为之瞩目，为之敬佩。他为登山者开辟了一条勇攀高峰的精神道路。

乔治·马洛里的行动是有一定成效的。立即行动的人不管成功与否，都是一方英雄！

乔治虽然在距峰顶 600 米的地方死了，但他的精神激励了一代又一代的登山者。我们更相信这种精神也能激励生活和事业中的你、我、他。

现在就付诸行动！不要把今天的事情留给明天。立即行动吧！即使你的行动不会带来快乐与成功，但是动而失败总比坐以待毙好。行动也许不会结出快乐的果实，但是没有行动，所有的果实都无法收获。

立即行动！立即行动！立即行动！从今往后，我们要一遍又一遍，每时每刻重复这句话，直到成为习惯，好比呼吸一般，成为一种本能。有了这句话，你就能调整自己的情绪，迎接失败者避而远之的每一次挑战。

只要能把握住现在，你也能把握住将来。现在比明天更有价值，明天是为懒汉保留的工作日，你并不懒惰；明天是弃恶从善的日子，你并不邪恶；明天是弱者变为强者的日子，你并不软弱；明天是失败者借口成功的日子，你并不是失败者。你只要现在，今天是你的日子。

谁都渴望成功、快乐。但是如果拖延、倦怠，不去付诸行动，便会在失败、不幸、夜不能寐的日子里渐行渐远。成功不是等待，如果你稍一迟疑，它就会投入别人的怀抱，永远弃你而去。

只有行动，才能成功

对于要着手做的事情，总是犹豫不决，担心自己的能力无法胜任而拖延下去。这样的自卑情绪在很多人身上都会流露出来，但是去做了之后，总会发现事情并没有想象的那么艰难。很多人对于未来要完成的工作往往会心生恐惧。然而，如果你不去行动的话，你永远也无法发觉自己的潜力。美国心理学家威廉认为：对于普通人来说，他们一生仅仅运用了自己 10% 的能力。其实，还有 90% 的潜力可以发掘。另一位美国学者则认为：人仅仅只开发了他们自身 6% 的能力。前苏联学者伊凡也认为人自身潜藏着巨大的能力，他说："如果我们迫使头脑开足一半的马力，那么我们就可以毫不费力地学会 40 多种语言，把苏联的教科书从头到尾背诵下来，并完成几十个大学的必修课程。"潜力总是要在行动之中不断挖掘的，如果我们仅仅停留在想象阶段，告别拖延症、提升执行力，也不过是纸上谈兵而已。

然而，每个人都有惰性，这也正是每个人都喜欢在幻想中成功的一个重要原因。惰性阻碍着人的行动，使人躺在滋生堕落的温床上，渐渐失去了发掘自身潜能的机会。如何战胜自己的惰性？或许只有行动这唯一的方法。当我们心中蹦出一个想法时，不要去考虑实现它有多困难，只管去行动，因为只有跨出第一步，才能切实地感受到实现这个灵感的困难程度如何；也只有跨出这第一步，才能促使自己积极地寻求解决困难的方法，促使自己不断地提高自身的执行力。

在一次应邀为文学系的学生讲课的过程中，美国著名作家克莱尔·利尤西斯向在座的学生问了这样一个问题："你们中间有多少人想成为真正的作家？"

在座的同学纷纷举手，表示自己志愿成为一名作家。

利尤西斯向台下看了看，然后微笑着一边把讲义放进自己的口袋，一边说道："既然大家都想当作家，那么我只能给你们讲一句话了，那就是回家去写！"说完，他就走出了教室。

是的，不仅利尤西斯这样讲，翻开一些讲授文学创作的书籍，我们也可以从中找到这样至关重要的一条：

如果你想要从事文学创作，那么就马上开始你的写作生涯。是啊，如果你想从事一件事情，却不投入行动，那么你永远都不可能完成这件事情。

是的，行动可以发掘我们的潜力。然而，行动不仅仅如此，它还可以培养出我们的自信。

14世纪时，蒙古皇帝莫卧儿在一次战役中大败。他独自躲在一个废弃的马房中，内心充满了对失败的恐惧。这时，他看到了一只蚂蚁嘴里咬着一粒比自己身体大出许多倍的玉米粒，艰难地在垂直的墙壁上爬行着。但是，玉米粒实在是太过沉重，这只蚂蚁不知从墙上摔落了多少次，但是，它一直坚持着向上爬。终于，蚂蚁咬着玉米粒爬到了自己在墙壁上的蚁窝里。看到这里，莫卧儿大叫一声跳了起来，蚂蚁尚能如此，我为何不能？莫卧儿又重整旗鼓，终于打败了自己的敌人。

无独有偶，在19世纪，一位英国的将军也因为受到相似经历的激励，取得了最终的胜利。这位将军在之前的战斗中屡战屡败。一天，他因为战败而躲到了一个农舍里。在这间农舍，他无意中发现了一只正在结网的蜘蛛。这只蜘蛛在风雨中拼命地织网，但是蛛丝被风雨一次次地打断。不过这只蜘蛛并没有气馁，最终结成了蛛网。这位将军深受鼓舞，最终取得了一场关键战役的胜利。这位将军就是威灵顿，在滑铁卢战役中击败拿破仑的威灵顿将军。

不论是蜘蛛，还是蚂蚁，它们的行为或许是出于本能，但它们所给人们的鼓舞却是实实在在的。面对一次次的失败，只有行动，才能给自己反败为胜的机会，也只有行动，才能重新树立被失败击溃的信心。

行动，无疑是我们获取成功的根本保障。一切成功都不是海市蜃楼，它生长在我的头脑之中，期盼着我们将其物化于外。作为心中的蓝图，成功需要我们一笔一画、一砖一瓦地建造出来。唯有立刻行动，才能给自己一次成功的机会。在追求成功的道路上，行动使我们跨越千沟万壑，使我们发现一个全新的自己，使我们抛却了启程时的恐惧，开始享受一路上的无限风光。唯有一刻不停地行动，才能强大我们，才能无限地提高我们的执行力。

马上行动，不要因拖延而失败

可以说，在诸多执行力很强的人眼里，“马上行动”是他们保障执行的法则。的确，行动和速度是执行的关键。要执行，就必须做到马上行动、决不拖延。在今天，执行往往打的是速度战，时间是无比宝贵的，如果我们不能抢在别人的前面行动，别人就会把我们甩在后面。

汤姆·霍普金斯是房产销售吉尼斯世界纪录保持者，据说，他平均每天卖一幢房子，这样的纪录至今无人打破。很多人企盼得到他的成功秘诀。

一次，有人问他：“请问，您获得如此巨大的成功，您的秘诀是什么？”

“马上行动！”汤姆的回答出乎所有人的意料。

“那您告诉我，当您遇到困难时都是如何处理的？”

“马上行动！”汤姆笑着回答道。

“当您遇到挫折的时候，您是如何去克服它的？”

“马上行动！”

“在未来当您遇到瓶颈的时候，您要如何突破？”

“马上行动！”汤姆依然微笑着回答道。

……

“马上行动！”“马上行动！”

对于成功秘诀，汤姆只有这四个字。

或许你和那个提问者一样，对汤姆这样的回答感到很失望，但是，这就是执行的秘诀呀，只不过你不懂得利用这个秘诀而已。汤姆的成功来源于立即执行。

1923年，艾尔弗·雷德·斯隆任通用汽车公司总裁。斯隆虽然年纪轻，却有着过人的智慧。为了能满足于消费者，斯隆就任总裁后，就加快研制新型轿车。

当时与通用汽车公司同驻底特律的，还有美国最大的福特汽车公司，总裁埃兹尔是老福特的长子，他也以年轻企业家的敏感，嗅到了斯隆的更新意识。于是，他和技术人员重新设计了一种T型车。当埃兹尔乐滋滋地把这种新车拿给老福特看时，被老福特完全否定了。

老款式的T型车，曾获得“廉价小汽车”的名声，广受美国民众的欢迎。对于老福特来说，T型车是他的神话，是他的孩子，是他梦想得以实现的载体。老款T型车承载的是他的辉煌，他不许任何人向它挑战。

老福特愤怒地对儿子说："老款T型车销售得很好，我不打算开发什么新车，拖一拖再说吧。"

但是老福特可以愤怒地压制儿子，却无法阻止通用汽车公司的总裁斯隆。1925年，通用公司推出了崭新的雪弗兰。新车问世的当年，就逼得福特汽车的市场占有率从57%下降到45%，次年又滑落到40%以下。

副总裁坎茨勒再不能看着公司的销售业绩继续下滑，而如果要上马研制开发新型汽车，必须先征得董事长老福特的首肯，于是坎茨勒语气委婉地写了一份备忘录，呈送给老福特，再次探讨车型问题。尽管备忘录充满了对老福特敬意的话语，但老福特也看出了奉承词句后的极度不满。于是，趁埃兹尔赴欧洲考察和度假之机，老福特撤掉坎茨勒副总裁的职位，将他轰出了公司。

福特公司研制开发新车型的计划被搁置起来，一拖再拖。

老福特再固执，也不能无视老款T型车销量的猛烈下滑。没有办法，他只好采用削价的方式来刺激消费者。然而，消费者的口味变了，削价已失去了往日的效力，没有挽住T型车销量下滑的总趋势。

不能再拖了，老福特也不得不承认这一点，于是他又重新组织技术人员研制开发新款汽车。直到 1927 年 10 月，一辆新 A 型车，从福特的装配线上开下来，加入了汽车行业的新竞争。

可惜晚了！通用汽车公司凭借新款雪弗兰，抢占了大部分本应属于福特公司的市场，通用汽车公司与福特公司打了一场漂亮的时间差战。

而这一次老福特拖拉不绝的决策，是他辉煌一生的一次严重失误。等于他自己拱手让出了得来不易的市场份额，等于自己亲自给通用汽车公司的崛起添砖加瓦。

染上了拖延恶习的人，与成功的距离会越来越远；而那些不找任何借口、绝不拖延的人才能得到成功女神的青睐。在很多时候，我们已经具备了知识、技巧、能力、良好的态度与成功的方法，不能成功，很可能就是因为我们的行动不够快。拖延就意味着失去机会，只有立刻去做，才能达到自己想要的目的。

真正的成功始于立即行动

你也许曾这样想过，这世界对人们很不公平，为什么有的人很杰出，而有些人却很平庸呢？那些找到最适合自己的位置的人，只是把思维锁定在一件事上，而且立即投身于行动。而那些处在落后行列中的人，尽管他们也有美好的愿望，也只做一件事，但他们只凭想象来完成，而不去投身于行动之中。这一看似小小的差别丧送了给后者提高生活质量的机会。

这也就是说行动意愿的强弱，能决定你的人生结局。也决定你能遇到多少好运和霉运，你的人生也因此精彩或平庸。

很多人在成功之前做过许多不相关的职业，但是他们的成功都开始于他们的行动中。而有的人则只会报怨生活的难耐，幻想着过舒适的生活，却不知道去投入行动。只有先投入行动，才能有成功的机会，因为在实际行动中，才能找到处理问题的最佳办法，在实际行动中才能遇到你喜爱的生活方式。

先为自己定一个目标，最好是你所向往的，然后开始用行动去接近目标。想到目标之后，立即就去做，不管结果如何，只要对你达到目标有帮助，那么你的生活就会有所改变。虽然你可能没有实现你计划的目标，但是在这一过程中，你会获得一些始料未及的进步机会，那时的情况可能会比你现在的情况好上许多。

一个初中毕业生，没有考上高中，就放弃了学业，他对人生根本没有什么目标，十几岁便游手好闲，整日里吃喝玩乐，自己本身也没有什么追求。在他 18 岁那一年父亲因病去世，他不得不承担起生活的重担，因为母亲没有什么收入，而弟弟还正在上学。他想去城里当一名厨师，可他因为没有手艺只要好先去一家餐厅当了一名服务生。在城里他意识到知识的重要性，于是下班后就找几本书读，他和餐厅的厨师住在一起，一次他无意中听到两个厨师说最近鸡蛋很紧缺。于是他想反正自己的母亲在家也养几只鸡，不如多养一些，把鸡蛋卖到城市里，以维持生计。

于是他把这一想法告诉了母亲，母亲同意了，三个月以后为了推销鸡蛋，他跑了几家餐厅和市场，虽然吃了不少冷言冷语，但还是把鸡蛋全部卖掉了。

在这一过程，他又认识了几个鸡蛋经销商。那些鸡蛋经销商表示，如果他有更多的鸡蛋，他们都愿意买下来。这样的一个机会他怎么能轻易放掉呢？于是他辞了工作，回家办了一家养鸡厂。就这样，几年以后他成了一个很有钱的人。

在现实生活中，先行动起来的意愿，能让你在行动的过程中体验实际的生活经历，会使你全面地深入思考，比坐在家里想那些不切实际的理论强多了。即使最后行动的方向有误，也会给你提供有用的信息，使你在今后的生活道路上有足够的经验应付类似的困难。

其实人们对认准的事不采取行动的原因，不仅仅是犹豫不决，还有畏惧的因素存在。当你对自己畏惧的事采取了行动以后，你的自信就会越来越强。若你勇敢地克服了畏惧，你会自信自己是最优秀的。这种感觉会让你有较强烈的进取心，相反，如果因为你优柔寡断而没有行动，一遇到失败，就立马感到自信心在逐渐减弱，你的斗志也会受其影响而随之降低。

认准的事就要行动起来，行动比无谓的想象更切合实际，即使你以前做得很不好，也要对自己说：我一定行。这会提高你的自信，能让你果敢地行动起来。为了你已确定的人生目标，让行动的意愿决定你的人生吧。

有千万次心动，抵不上一次行动

很多时候，一次成功的执行就躲在那些异想天开的一念之间，藏在那些一闪即逝的灵感火花之后。但想法固然重要，若没有说干就干的魄力，心动之后马上行动的干脆，就算有千万次的心动，一切事情也不会发生，万事不过都是水中月、镜中花罢了。

1989 年 4 月，香港女作家梁凤仪发表了她的第一部小说《尽在不言中》，一出版便一炮打响，为她“财经系列小说”开了个好头。

此后，她开始以令人难以置信的速度，以近乎批量生产的方式，有系统地创作起小说来。

1990 年，梁凤仪写出了《醉红尘》等 6 部长篇小说。1991 年，她更上一层楼，竟然一口气出版了《花帜》等一系列作品。

当时，梁凤仪的财经小说发行量特别大，在港台地区刮起了一阵猛烈的“梁旋风”，她的书的出版商都赚了个盆满钵满。

梁凤仪心中一动，自己的小说既然如此受欢迎，如此能创造经济效益，为什么不自办出版社呢？说干就干，于是，她亲任董事长和总经理，成立了香港“勤+缘”出版社。“勤+缘”出版社获得了很大的声誉，由此而来的是巨大经济效益。仅仅在建社的一年半以后，“勤+缘”出版社便收回了“八位数字”的投资，并在两年以后，一跃而成为香港3家营业额最高的出版社之一。

如果没有梁凤仪的那一心动，就不会有“勤+缘”出版社的诞生，更不会有今天的壮大和辉煌。这说明不管我们有了怎样的想法，无论是实际的还是看似荒唐的，只有拥有必胜的决心，再配合确切的行动，才有成功的可能。

有时，执行和拖延的差别就在于是否有行动。从这个角度来看，世界上其实只有两种人：空想家和行动家。

空想家善于谈论、想象、渴望甚至于设想去做大事情，他们总会产生很多的梦想，却很少行动，或许是缺乏实践的勇气，或许是缺乏实践的能力；而行动家则是只要有了想法，就会迅速做出反应，毫不迟疑地去尝试、去实践，在不断地行动中走向成功。

在现实生活中，总有许多空想家存在。他们是“言语上的巨人，行动上的矮子”，虽然时不时地喊出几句豪言壮语，却总不能付诸到实际行动中，因此最终还是一事无成。曾经有媒体报道过这样一个故事：

一个青年拿到硕士学位并在社会上闯荡了两年后，决心自己创立一番事业，而此时他恰好对市场上刚出现的一个新项目产生了浓厚的兴趣。于是，他开始搞市场调查、研究可行性、撰写计划书等。

就这样，足足忙了大半年后，正当他的疑问越来越多，出发的脚步越来越迟疑时，却获悉几个下岗女工早已经把这个项目开展得如火如荼，生意做得遍布全国了。

生活中此类人确实不少，将著名诗人艾青的“梦里走了许多路，醒来还是在床上”这句话送给这些人，真是再合适不过了。

他们小心谨慎，为了达到理想和目标，研究来研究去，考察了许多实际情况，制定了很多详细的计划。可就是不按照计划去执行，而是左思右想，推翻了原有的计划，重新制定计划，而新计划列出后，又马上会被更新的计划所取代……就这样一而再、再而三，在周而复始中时间已经白白流逝，最终也会因为拖延而一无所获、一事无成。

这些“只会想不会做”“只动脑不动手”“三思而不行”、畏首畏尾的人就是典型的只想不做或者只想而做不到的空想主义者。还有些人心中理想很多，今天冒出一个这样的打算，明天制定一个那样的计划，信誓旦旦地立志要做一个拓荒者，甚至还发出了不达目的绝不回头的豪言壮语。而结果仅仅是三分钟热度，第一天、第二天坚持了，第三天勉强地坚持，到了第四天豪言壮语就被抛到九霄云外了。这同样也是想和做的严重脱节，心动过后没有实质性行动的表现。

不拖延，提高执行力，要心动更要行动！没有行动，一切都不会出现，哪怕是失败的经验都不会得到；没有行动，就算机遇来了，也只能白白错过；没有行动，就算运气来了，也毫无知觉。

有个落魄不得志的中年人每隔三两天就到教堂祈祷，而且他的祷告词几乎每次都相同。

第一次他到教堂时，跪在圣坛前，虔诚地低语：“上帝啊，请念在我多年来敬畏您的份上，让我中一次彩票吧！阿门。”

几天后，他又跪着祈祷：“上帝啊，我愿意终生服侍您，求您让我中一次彩票吧！”

又过了几天，他再次出现在教堂，重复着他的祈祷。

到了最后一次，他又跪着说：“我的上帝，为何您不听我的祈求？让我中一次彩票吧！”

就在这时，圣坛上发出宏伟庄严的声音：“我一直垂听你的祷告。可是——最起码，你也该先去买一张彩票吧！”

要中奖，光有愿望是不够的，起码要买一张彩票；要成功，光有梦想也是不够的，起码要付出一些行动。如果没有行动在先，连上帝也帮不了你！

心动，不能离开行动。如果说心动像一块火石，那么行动就是一片钢板，只有两者碰撞，才能迸发出成功的火花。只有心动没有行动，只不过是白日做梦，决不会有所收获。

只有抓紧生命里的每一分钟，不让光阴耗费在蹉跎中，踏踏实实地去把想法变成行动，才能取得应有的成绩；只有下定一个不更改的决心，历经学习、奋斗、成长这些不断的行动，才有资格摘下成功的甜美果实。只会做黄粱美梦的“空想家”永远只是拖延者，只有善于行动的实干家才能有强大的执行力，才有能力向着理想的目标，一步步踏实地迈向成功。

所以，在执行过程中，心动不如行动，心动更要行动！光有理想是不够的，必须付之于行动，否则到头来也只是竹篮打水一场空。而早一刻行动，就可能早一刻成功！“三思而后行”固然是应该，“三思而不行”却是万万不该。克服拖延，就是不要因为对未知的恐惧而阻挡住前进的脚步，勇于探索才是拒绝拖延的良方。

不要将任务拖到最后做

很多人都会有这样的经历：从书市买来一大堆书，想要提高自己，但结果这些书却只起到了填充书架的作用；从体育用品店买来一副昂贵的羽毛球拍，想要锻炼身体，结果这两支球拍却只起到了装饰墙壁的作用；给自己设计了一个完成任务的计划，准备监督自己提前或者按时完成任务，结果还是拖到最后一天才匆忙完成。

这样的人对计划的事情、需要完成或者想要完成的事情，总是一拖再拖，缺乏连续、均衡完成任务的意志力。

有人对中学生假期作业的完成情况做了一个调查，并画出了一张假期时间和假期作业完成量的函数图。从图上可以看出，整个假期前 3/4 的时间，假期作业完成量几乎都为零，到了最后 1/4 的时间，假期作业完成量才逐渐缓慢上升，直至假期的最后两天，假期作业完成量急速上升并到达顶点。

从这个调查中我们可以很明显地看出拖延对任务完成的影响。而生活中，在时间充裕的情况下，很多人不管工作量多少，假如缺乏监督，长时间地坚持工作往往很难。人们总是将事情不断地往后拖，直到最后不得不完成。这种拖延习惯的影响就是：最后时刻的工作量特别大，而且任务完成质量很低。对此，心理学家做了一项实验进行研究。下面我们就来看看这个实验，从实验的角度来探索一下拖延会产生什么样的负面影响。

2002 年，哈佛大学的克劳斯教授做了一项实验。实验以大学生为被试者，克劳斯教授将被试者分成了 A 班、B 班和 C 班。

克劳斯教授要求被试者们在 3 周内完成 3 篇论文，并告诉他们，假如他们过期不交，则视作 0 分。除此之外，克劳斯教授对 A 班的同学说，他们可以在 3 周的最后一天上交这 3 篇论文；对 B 班的同学说，他们需要自己预先安排好每篇论文的上交时间，把这个时间报告给自己，并按照这个时间上交每篇论文；对 C 班的同学说，他们在每个周末时，必须上交一篇论文。

论文都上交后，克劳斯教授对论文进行评分。并将3个班被试者的论文成绩进行比较。通过比较克劳斯教授发现，3个班中C班的论文最好，其次是B班，论文成绩最差的是A班。

从上述实验中3个班的被试者论文所得的分数情况，克劳斯教授得出以下结论：拖延会影响任务完成的质量，一般情况下，到最后时累积的任务量越多，任务完成的质量也就会越差。

其实，从拖延的表现可以看出，它对工作任务的顺利实施以及任务的完成来说是非常大的阻力。因此，想要控制自己，让自己按照计划完成任务，很有可能需要与拖延心理对抗。只有在战胜拖延的情况下，才有可能有毅力按照计划较好地完成任务。

将这种现象和上述实验所得结果相结合，我们可以得到如下启示：不要将事情拖到最后才做。将任务拖到最后再做，会影响任务的完成质量。而且拖得越严重，任务的完成质量就越差。

怎样才能降低或者避免拖延对于任务完成质量的影响呢？我们可以从实验中借鉴一些方法。

实验中的被试者同样是在3周之内完成3篇论文，

但是因为上交的方式不一样，所以最后上交的论文质量也不一样。由此，我们也可以通过分段完成工作任务来提高任务完成的质量，降低拖延的负面影响。

除此之外，我们还可以利用一个小技巧“骗”一下自己，让自己提前完成任务。比如，本来任务完成时间是一周，但是你可以“骗”自己任务完成时间只有 4 天，并在 4 天之内抓紧时间将任务完成。然后，在剩下的 3 天时间里，对所完成的工作进行适当的修正。

每当按时且较好地完成工作任务时，你可以给自己一些小小的奖励。这样可以强化你按时完成工作任务的行为，从而培养出按时完成任务的习惯。

克服拖拖拉拉的恶习

拖拉是每个人都存在的一种天性。迄今为止，还尚未找到有效的措施彻底对付它。但我们可以尽量尝试去克服它。试试以下方法吧：

第一，找人来督促你正在做的事情。

第二，找出自己拖拉的原因，此时你要明确：只要一件事情你知道该怎么做却迟迟没有做，那你就是在拖拉。

克服拖拉需要经历两个阶段：外在表现和内心改变。但首先要彻底地改变自己以前不良的行为习惯，为自己塑造一个成功模式，明确一下自己的位置。目的就是当你做一件事情的时候不要让拖拉成为你的绊脚石。

一般来说人在精力充沛的时候，往往比较适合处理复杂的工作，而简单的工作则适合在疲惫时去做。多数人经过一夜的休息之后，在上午感觉精力十分充沛，此时就适合将手头上的工作完成，这样效率也会非常高。在工作的时候要尽量避免外界的干扰，只有这样你的注意力才会高度的集中。

其次，要清楚地知道什么事情才是最重要的。你应该把全部的精力都放在你认为比较重要的事情上面，明确一下对你比较重要的事情，别让你的时间精力都浪费在那些“不应该做的事”上面。当你在做完你认为比较重要的事情之后，回过头来想想自己的收获，还有没有不足的地方需要加强，对自己做出一番评价。

从重要的事情里找出你能做的事，并从它做起。成功往往就是从点滴开始做起的，那些微小的事情可以为你的成功奠定基础。不管这一天是多么的忙碌，你都要完成之前所定下的目标。适时地调整自己要做的事，把自己认为比较重要的事情排在前面。

每个人在工作中都不可能做到面面俱到，所以有选择地做一件事情是至关重要的。考虑一下自己未来的发展，不要把时间精力放在一些琐碎的事情上，也不要将时间浪费在毫无价值的事情上。

时时刻刻监督自己的行为，当你认识到自己的拖拉行为时，应该毫不留情地制止。原谅自己以前的错误，对可能出现的新错误要有思想准备。为私事和工作留出各自的时间。

但是，有时候你除了“什么都不做”别无选择，要接受这样的现实及其结果，放弃这件所谓“应该做的事”，利用这些时间让自己放松放松，接下来再去处理别的事情。

克服拖拉的最佳办法就是让它逐渐消失在你的生活中。要实现这一点，有些事要多做，有些事要少做，有些事要采用完全不同的方法去做。把多种方法结合起来，不断发掘对自己适用的技巧。

第五辑
按计划去执行，按部就班地工作

对于那些繁杂而毫无头绪的事，人们往往因为害怕而无从下手，并因此而拖延下去。解决这个问题的方法是，给要做的事情拟定一个实施计划，然后按照计划，一步步去解决问题，这样，才不至于因为事情繁杂而害怕做，从而将事情拖延下去。

成功，让计划做行动的先导

有这样一句话："凡事预则立，不预则废。"意思是说无论有什么样的行动，只有预先做好了安排，有了准备，有了计划，行动才能成功，否则，就会失败。告别拖延症、提升执行力，最重要的就是制定计划，而效率也正是从合理的计划中得来的。制定周密详细的计划，是建立正常的行动秩序、提高行动效率必不可少的步骤之一，它能推动行动顺利进行。

培根说："我们做计划是为了确保自己正在做最重要的事情，为了更好地配合他人的行动，对那些突发的事情做出快速的反应。"人们常说："平时行动无计划，急时行动无头绪。"可见，计划是顺利执行的保障。如果我们能把在行动前制定一个详尽合理的计划养成习惯，那就可以用最短的时间做好要做的事。

人们常说，成功是靠辛勤的汗水和努力换来的。努力确实为成功提供了必不可少的条件，但是只知道努力是远远不够的，在行动的时候还应该讲究方式方法、效率。而方法是什么？效率从哪来呢？答案就是：计划。

当有了一个目标，尤其是一个需要长期努力才能达到的目标时，还需要制定一个详尽的计划，以此增强我们的自觉性、减少盲目性，使我们可以依照计划合理地安排行动时所需要的人力、物力、财力和时间，从而使各项行动有条不紊地进行。

然而，很多人在行动之前却从不制定任何计划，不会也不屑于制定计划，总是很随意地想干什么就干什么，走一步算一步。

这种无计划的行动，导致了无秩序、无效率，以至于虽然我们整天都是一副忙忙碌碌的样子，但若被人问起都做了什么、取得了什么成绩时，我们可能自己都不清楚。

天长日久，忙碌已经成为了行动的一种必要的表现形式，如果不忙碌，好像就不是在行动，而对效率、成绩、结果却从来不问。

这就是行动没有计划、不讲究方法造成的。没有计划作为指导，行动者就好比无头苍蝇永远脱离不了压力和繁忙，永远被行动撵着走，最终一事无成。

所以说，有计划才有效率，让计划成为行动的先导，成功的目标才不会迷失，才不会越来越远，才不会遥遥无期，行动起来才更有方向感，更有节奏感，更敏捷轻快。

那么，计划该怎样制定呢？

首先，让我们来看一个故事：

迈克尔是一个狂热的音乐爱好者，成为一个音乐家是他一生最大的目标。但他知道写歌词不是自己的专长，所以又找了一个名叫凡内芮的年轻人来合作。然而，面对那遥远的音乐界，他们一点渠道都没有。

1976 年的冬天，在一次闲聊中，凡内芮对迈克尔说：“你想象过自己在 5 年之后会做什么吗？先好好想一想，然后再告诉我。”

迈克尔沉思了几分钟后说：“5 年后，我希望有一张属于自己的专辑，并且能够受到大家的欢迎还能够得到大家的肯定。我还希望能够和世界知名的音乐家一起交流、一起工作。”

凡内芮据此列了如下一张清单：

如果第五年，你有一张唱片发行，那么第四年就需要和一家唱片公司签合约。第三年，你就要有属于自己的作品，可以拿给很多的唱片公司试听。

第二年，需要有自己的主打歌曲。

第一年，就一定要把你所有要准备录音的作品全部编曲，排练好。

第六个月，就要把那些没有完成的作品加以改进，然后让自己筛选。

第一个月，就要把目前这几首曲子完工。

第一个礼拜的时候你就要先列出一个清单，排出哪些曲子需要修改，再好好地完善一下。

然后，凡内芮说：“看，现在一个完整的计划已经有了，接下来就需要你认真地按照这个计划执行了，这样到了第五年的时候，你的目标就可以实现了。”

后来迈克尔的梦想果然实现了，恰好是在第五年，迈克尔的唱片开始在北美畅销起来，他每天都和世界知名的音乐人一起工作。

我们不妨也这样尝试着制定一个计划，以自己的目标为终点，采用时光倒叙的手法，一步步推出每个阶段所要做的具体事项。

当然，这仅仅是制定计划的方法之一。但无论用什么方法，我们都必须明白：光有目标是不够的，重要的是要有具体计划，要把计划中的每一步都填好，然后一步一步地去完成它。当最后一步完成的时候，我们就会发现，目标已经实现了。

有人说“人生是可以策划的”，如果是这样的话，成功同样也是可以策划的。让计划成为行动的先导，这样会使我们告别拖延症、提升执行力，顺利达到目标。

计划是实现目标的蓝图

有种拖延叫忙中出错。很容易理解，出错了，就要花时间纠正，这样自然耽误了做事的进程。如何保证执行不因为走弯路而耽误事情，这就需要有一个周密的计划。计划不仅仅是做事的流程，是执行的保证，还是实现目标的蓝图。

一位身怀六甲的妈妈，她不仅要细心呵护腹中的胎儿，还要开始制定日后的育婴计划。唯有如此，孩子才会得到系统性的教育，全面发展自己的才能。对待欲望也应如此。你已经感觉到，欲望在你内心深处蠢蠢欲动，这时，你所要做的就是培育你的欲望，并制定出切实可行的计划将其实现。计划，就是实现目标的蓝图。在它的指引下，你将步步为营，稳扎稳打，告别拖延症、提升执行力，向着正确的方向前进。

有一位年轻的猎人，虽然他已经跟着老猎人狩猎了很多次，但从来没有自己单独干过。终于，他盼来了单独行动的机会。这是自己第一次行动，他十分兴奋，逢人便讲自己要一个人去打猎了。人们对他表示祝贺，但也不断提醒他要检查好自己的枪支弹药。这位年轻人信心满满，对他人的善意提醒置若罔闻。

由于兴奋，这位年轻人晚上没有睡好。第二天，一早就出门了。

老猎人提醒他说："你先把子弹装入枪膛中，这样遇到猎物，你就可以马上开枪。"

"没有必要。要知道我装子弹的速度是最快的。"年轻的猎人回答道。

没过多久，他在河岸边发现了一大群野鸭。他很兴奋，马上掏出子弹，装入枪膛。但是，装子弹时的轻微声响已经惊动了这群警惕性很高的野鸭，它们马上飞走了。

年轻的猎人很后悔，心里暗暗自责："早知道就把子弹装好了。”不过，他又宽慰自己：“时间还早，这只是些小猎物，而且现在子弹已经上膛了，看我打一个大猎物带回去让他们瞧瞧。”

好运似乎落在了这位第一次单独行动的猎人身上。没走多久，他就发现了林中有一头正在觅食的麋鹿。“这可是个大猎物！”他暗自高兴。于是，他马上举起枪，屏气凝神，瞄准，果断扣动扳机。但是，只听到“咔”的一声扣动扳机的声音，枪没有响，子弹并没有被击发出去。原来他的扳机出了问题。

“真是倒霉！怎么第一次单独行动，就遇到了这么多倒霉事。早知道，我就该听别人的，在前一天将猎枪也好好检查一下。”更让他沮丧的是，麋鹿听到扣动扳机的声音，已经消失在树林中。

机会一再错失。结果，这位年轻的猎人一无所获地返回了村子。

年轻的猎人盲目地自信乐观，既不去检查自己的装备，又不愿意倾听他人的意见，最终落得被人讥诮的结果。可见，无论做什么事情，事前必须要有所计划和准备。在制定计划的过程中，必须对将来会出现的情况有所预测，分析哪些事情可能会发生，哪些事情可能成为自己的阻力，自己应该采取什么样的方法来解决出现的问题……经过缜密的思考之后，就可以规划出自己的行动蓝图，并根据这一蓝图做好准备，积极应对可能出现的问题。

制定出适合自己的计划，往往会起到事半功倍的效果。一个适合自己的计划，可以发挥自己最大的潜力；一个适合自己的计划，可以减轻忧虑、急躁、自我怀疑等负面心理对自己的影响；一个适合自己的计划，可以使成功的步骤变得更加简洁明了。

对日本运动员山本田一来说，正是制定出了适合自己的计划，才让他获得了 1984 年东京国际马拉松邀请赛的冠军。山本在他的自传中这样总结自己的比赛经验："在每一次比赛之前，我都会将比赛沿途一些比较醒目的标志记录下来。例如，第一个标志是博物馆；第二个标志是银行；第三个标志是一座别具一格的房子……就这样，当比赛还没有正式开始的时候我就将这些标志作为征服的目标，每当经过一个目标的时候就会觉得自己又获得了一次巨大的能量。在这样不断的征服中轻而易举地跑完整个路程。"

山本通过制定合适的计划，使自己登上了成功的顶峰，获得了冠军的殊荣。这样的计划看起来不难以制定，但是很多人却根本没有计划意识。面对将要发生的事情，我们大义凛然、意气风发。“兵来将挡，水来土掩”，我们常常这样自我暗示。可是，要知道，如果没有事前的计划，我们何以找到好用的“将”、充足的“土”，我们又怎能从容不迫地面对一触即发的危局。如果没有计划意识，一个人对于自己内心欲望的感知必然是模糊的，那么他所走的每一步也必将是混乱的。

计划，是一个人对于自身的了解，是一个人对于事件发展的预判，也是一个人解决问题的蓝图。拥有计划意识，是每一个想要实现自己欲望的人必不可少的素质。如果你仅仅满足于在头脑中幻想欲望的实现，那么你当然不必劳神费思地制定计划、规划蓝图。但是如果你希望把自己的欲望变为实现，那么拥有计划意识，制定一个适合自己的计划就是成功路上的关键一步。

顺利执行需要切实可行的计划

有计划不一定就能保证执行的顺利进行，一个切实可行的计划才是顺利执行的基础。不可否认，可行性是所有计划必须具备的关键要素。如果一个计划失去了可行性，那么不管它制定得多么华丽，也只能是空中楼阁、镜中水月。所谓的可行性，就是一个计划必须具有实际的意义，能够在实践中进行操作，并取得计划中的效果。很多人虽然苦心孤诣地为自己打造了几年规划，但却没有取得预期的成效，很大一部分原因就是由于他们的计划缺乏了一个最重要的核心，即可行性。

让我们看看第二次世界大战中，盟军是如何制定“诺曼底登陆”计划的。

1943 年 5 月，英国和美国召开紧急会议，会议决定于 1944 年 5 月在欧洲大陆实施军事登陆，为开辟第二战场奠定坚实的基础，这一决定出来之后，英国陆军中将F.摩根担任参谋长率领同盟国欧洲远征军最高参谋部（简称“考萨克”）对登陆计划做出详细的安排。计划首先要确定的就是登陆的地点，他认为登陆的地点必须要符合以下3种情况：（1）登陆的地点要靠近英国海岸，轮船航渡的距离越短越好；（2）要处于从英国机场起飞的战斗机的飞行攻击半径之内；（3）登陆地点附近要有大的港口，便于舰艇的停靠。“考萨克”认真研究了欧洲东海岸的海岸线，他们发现只有3处地点同时具备上述的3项要求。这3处地点分别是：康坦丁半岛、加莱和诺曼底。经过进一步的比较分析，“考萨克”首先否定了康坦丁半岛。因为此处地形过于狭窄，不利于部队展开。加莱和诺曼底则各有利弊。加莱距离英国最近，只有33公里，而且靠近德国本土，但是这一区域也是德军防御最坚固的地方。德国不仅在这里布置了重兵把守，而且修建了坚固、完善的工事，可谓是易守难攻。此外，这个区域不仅没有大的港口，而且缺乏内陆交通线，不利于登陆后的纵深作战。相比之下，诺曼底虽然距离英国本土较远，但是这一区域德军的防守较为薄弱，地形也相对开阔，利于部队展开作战，而且诺曼底距离法国北部最大港口瑟堡只有80公里，便于舰艇的停靠。经过几次权衡利弊，“考萨克”最终选择了在诺曼底登陆。

1943年6月26日，“考萨克”开始制定具体的作战计划。他们以“霸王”作为此次登陆行动的代号，以“海王”作为海军相关行动的代号。在初步的计划中，“考萨克”决定以3个师的兵力作为第一梯队，在卡朗坦至卡昂之间的32公里宽的3个滩头进行抢滩登陆。同时，还决定空降两个旅，以8个师的兵力作为第二梯队，计划在两周内占领瑟堡。

对于“考萨克”来说，作战计划中最大的难题在于如何解决最初的补给问题。“兵马未动，粮草先行”，对于任何一支队伍来说，补给都是取得战争胜利的重要保障。因此，如何保障夺取瑟堡港口之前的两周内盟军的补给，就成为了“考萨克”必须克服的难题。要知道，在计划登陆的五、六月期间，诺曼底经常是大风大浪的天气。如果没有港口停靠补给船，只靠抢占的滩头作为补给点，那是远远不够的。在经过多方的讨论后，英国海军少将约翰·休斯·哈莱特提出了自己的意见，即修建人工港口。在别无他途的情况下，这个意见最终得到了“考萨克”的批准。

1943年7月15日，摩根将“霸王”计划提交给了英美联合参谋长委员会。

1943年8月，英美召开的魁北克会议批准了“霸王”计划。

1943年11月，英美苏在召开的德黑兰会议上决定于

1944年5月发动“霸王”行动。

1943年12月，欧洲同盟国远征军最高司令艾森豪威尔在看过“霸王”计划后认为部队正面突击的范围过于狭窄，兵力也不是非常的充裕，所以，他提出了自己的修改计划：将正面登陆的海岸线扩大到80公里，登陆的滩头也增加到5个，在兵力的部署方面也应该要加强，他的这一提议最终得到了上司的批准。

之后，针对具体的登陆日期，艾森豪威尔又做了具体的部署。对于登陆的日期，陆军要求在涨潮时登陆，以减少部队暴露在海滩上的时间；海军要求在落潮时登陆，以减少德军工事对登陆艇的破坏；空军则要求在有月光的时间，以便空降部队可以识别地面目标。针对这一复杂的三军协同问题，艾森豪威尔和“考萨克”针对5个不同的登陆地点，做出了细致的分析，并最终确定在1944年6月5日开始登陆。

1944年1月21日，美国陆军上将艾森豪威尔在诺福克旅馆召开了远征军最高司令部会议，最终确定了登陆计划，即战役的最终目的是在欧洲开辟第二战场，为战胜德国奠定坚实的基础。战役决定在诺曼底实施登陆，并夺取登陆点。在登陆后的第十二天，计划将登陆地点扩展到宽100公里，纵深100公里的区域。计划在登陆地点的右翼空降两个美国伞兵师，切断德国从瑟堡开出的增援部队；在左翼空降一个英国伞兵师，夺取康恩运河的渡河点；第二阶段，冈城、卡朗坦、伊济尼、贝叶被攻占；第三阶段，攻占布勒塔尼，向塞纳河推进，直取巴黎。

同时，为了保证“诺曼底登陆”计划的顺利实施，盟军还施行了一系列迷惑德军的行动。比如，海军、空军的佯动；运用双重间谍、电子干扰；在英国东南部通过伪装部队和船只的集结；利用巴顿将军在英国的演说。此外，他们还找了一个和蒙哥马利长的很像的人来冒充他，以造成蒙哥马利一直在北非指挥作战的假象。经过种种的战略欺骗，终于使德军统帅做出了错误的判断，将其主要兵力部署在了加莱地区，而造成了诺曼底的空虚，为盟军登陆创造了有利的条件。

“诺曼底登陆”作为一次关系第二次世界大战战局转折的重要军事行动，它制定的每一步计划都围绕着“可行性”来进行论证。为了支撑计划的“可行性”，制定计划的人员将他们之前的登陆经验全部拿来作参考。根据自己的战略企图，“考萨克”充分考虑到战争中可能遇到的每一个细节，并有针对性地做出了相应的对策和决定。在制定主计划的同时，他们还制定了相关的辅助计划，通过开展一系列的心理战，蒙蔽了对手对自己真正意图的判断，从而为主计划的顺利进行创造了良好的外部条件。

“诺曼底登陆”已经载入了世界军事经典战役的史册之中，而它的规划过程，也无疑给我们留下了宝贵的借鉴经验。通过对制定计划过程的了解和分析，我们可以发现如下几个特点：

1. 时刻围绕“可行性”进行规划；

2. 借鉴全部的相关经验；

3. 充分考虑可能遇到的所有问题；

4. 做好每一个具体的过程，规划好每一个具体的细节；

5. 制定出相关的配合计划。

正如上文所说，如果没有切实可行的计划，任何人都无法取得成功。所以，在制定计划的过程中，我们一定要以“可行性”为制定计划的核心思想，将自己的实际情况与现实的社会情况进行认真的分析比较，做出最适合自己的计划。只有这样，才能告别拖延症、提升执行力。

每天都安排一张优先表

许多人在开始工作的时候都会列出一份行动计划表，以便于自己提高执行效果。其中包括：行动日程、需要取得的成就、计划好的事项等。好的行动计划有助于提高执行力，更有助实现既定的目标。

商业及电脑巨子罗斯·佩罗说："凡是优秀的、值得称道的东西，每时每刻都处在刀刃上，要想保持刀刃的锋利就需要你不断地努力。"罗斯充分地认识到，确定了最重要的事情之后，并不等于将所有的事情都做得完美。或许你要付出 10 倍的努力才能够将事情做好。正如法国哲学家布莱斯·巴斯卡说："人们最难懂得的就是把什么放在第一位。"许多人被这句话不幸言中，他们完全不知道到底应该如何将人生的责任和任务按重要性排列。对于一个执行力很强的人而言，每天开始时都应有一张优先表，确定在紧急但不重要的事情和重要但不紧急的事情之间，首先去做哪一个。要想将每天的工作都打理得井井有条，就需要你能分清轻重缓急，不能眉毛胡子一把抓。

图 5-1 给出了将良好的意图转化成切实可行的行动计划细节示意图。

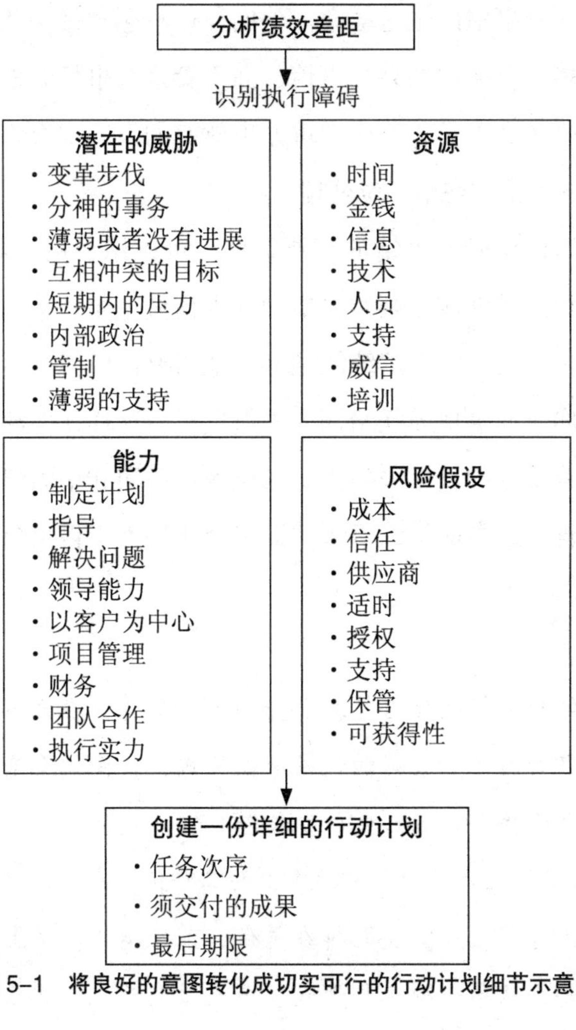

图 5-1　将良好的意图转化成切实可行的行动计划细节示意图

说明：（1）使用图 5-1 事先需要有明确的意图；（2）通过分析执行过程中出现的障碍来详细完善行动计划。

大多数人在处理日常事务的时候，往往都不能够很好地区分事情的轻重缓急。他们往往只愿意做一些简单的事情，令他们高兴的事情，而不管这些事情有多么不重要或多么不紧急。而注重办事效率的人，都会将比较重要的事情放在第一位处理。

如果要确定事情的重要程度，可以用目标、需要、回报和满足感四原则对将要做的事情做一个评估。把所有和自己无关的事情统统抛弃，把需要你做但是不一定非要你做的事情委托给别人去做。只有这样才能够更好地朝着既定的目标去努力。你应该把时间和精力集中在能给自己最高回报的事情，即你会比别人干得出色的事情上。

伯利恒钢铁公司总裁理查斯·舒瓦普，在公司初创时常常为自己和公司的低效率而忧虑，便向效率专家艾维·李请教，艾维·李给他的建议是：

"把你明天必须要做的重要的工作记下来，按重要程度编上号码。最重要的排在首位，依次类推。早上一上班，马上从第一项工作做起，一直做完为止。然后用同样的方法对待第二项工作、第三项工作……直到你下班为止。即使你花了一整天的时间才完成了第一项工作，也没关系。只要它是最重要的工作，就坚持做下去。每一天都要这样做。在你对这种方法的价值深信不疑之后，让你公司的人也这样做。”

5年后，伯利恒钢铁公司从一个鲜为人知的小钢铁厂一跃成为最大的不需要外援的钢铁生产企业，理查斯·舒瓦普也成为一名举世闻名的钢铁大王。

克服拖延，不妨每天都对自己重新定位，安排好自己的时间并持之以恒地执行，这样，你就能快速告别拖延症、提升执行力，成为成功的人。

敢于构想美好的未来蓝图

改变拖延习惯的一个主要方法就是要有一个明确的目标。没有大得不能完成的梦想，也没有小得不值得设立的目标，执行力强的人总会朝着自己绘出的目标蓝图行动。道理很简单，设定目标，构想美好的未来蓝图，是有效执行的起点。没有目标和蓝图，就没有动力，但这个目标和蓝图必须是合理的，而且还必须在发展的过程中合理地做出调整，放弃固执，轻松地走向成功。

罗伯特·克里斯托弗拥有明确的目标和积极的心态，下面就让我们看看他成功的故事吧。

在读了朱尔斯·奎因的幻想故事《80天周游世界记》之后，罗伯特·克里斯托弗的想象力被激发了。

"别人用80天环绕世界一周，现在我为什么不能用80美元周游世界呢？如果我有诚意和信心的话没有什么事情是办不到的。也就是说，如果我从我所在的地方出发，我将会到达我想要去的所有地方。

"别人能够在货轮上工作而得以横渡大西洋，再搭便车旅行全世界，我为什么就不能呢？"

于是罗伯特就拿出纸和笔，在一张便条上列出了一个他可能要遇到的问题清单，并记下解决每个问题的办法。

当时，罗伯特·克里斯托弗已经是一位熟练的摄影师。当他做了决定后，他就行动起来：

（1）与药物公司查尔斯·菲兹公司签订一份合同，

保证为其提供他所要旅行的国家的土壤作品；

（2）获得了一张国家驾照和一套地图，以保证提供关于中东道路情况的报告作为回报；

（3）设法找到海员文件；

（4）获得纽约警察部门开出的关于他无犯罪记录的证明；

（5）取得一个青年旅游执行所的会籍；

（6）与一个货运航空公司达成协议，该公司同意他搭飞机越过大西洋，只要他答应拍摄照片供公司宣传之用。

当26岁的罗伯特完成了上述计划时，他就在衣袋里装了80美元乘飞机离开了纽约。他此行的目的是用80美元周游世界。下面是他的一些经历：

（1）在加拿大的纽芬兰岛甘德城吃了早餐，他怎样付餐费呢？他给厨房的炊事员照了相；

（2）在爱尔兰的超市花4.80美元买了4条美国烟，那时在许多国家纸烟和纸币作为交易的媒介物是同样便利的；

（3）从巴黎到维也纳，费用是给司机一条纸烟；

（4）从维也纳乘火车，越过阿尔卑斯山到达瑞士，给列车员4包纸烟作为此次搭车的回报；

（5）在乘公共汽车的途中，罗伯特给叙利亚的一位警察照了相，这位警察非常高兴，便要求一辆公共汽车免费为他服务；

（6）给伊拉克的特快运输公司的经理和职员照了一张相，这使他从伊拉克首都巴格达到了伊朗首都德黑兰；

（7）在曼谷，罗伯特为一家极豪华的旅行社主人提供了其所需要的信息——一个特殊地区的详细情况和一套地图，于是他受到了很好的招待；

（8）罗伯特成为“飞行浪花”号轮船的一名水手，从日本到了旧金山。

他的确达到了目标——用80美元周游世界。

明确的目标和积极的心态激励着罗伯特，从而使他达到了一个特殊的目标。罗伯特的案例说明，敢于对自己的未来做出大胆的尝试，敢于设定远大的人生目标，才能成就伟大的事业。没有美好蓝图，没有明确目标，或目标漂移不定的人生，最后所得到的结果是不会令人满意的。所以，只有朝着确定的目标前进，才能告别拖延症、提升执行力，完成一些一般人认为很难完成的事。

按照计划做，克服犹豫不决

对于现实中的人们来说，我们每时每刻都要面对着很多选择。如何做出正确的选择，这关系到我们利益的最大化。许多人面对着多种利益选择，总是希望自己能够将全部的利益都收入囊中。这种贪大求全、锱铢必较的心态往往会使自己陷入畏首畏尾、顾此失彼的境地。

犹豫不决、当断不断，几乎成为大多数人必须战胜的危险敌人。

一只山羊在觅食的过程中，发现了一处菜园和一座果园。面对着鲜嫩的蔬菜和飘香的果子，山羊一时不知道该如何是好。经过自己内心反复的斗争，山羊决定先吃蔬菜，然后再吃果子。

来到菜园旁，山羊发现菜园的栅栏不仅高而且密，自己的身体根本无法挤进去。山羊不得不悻悻地离开，前往不远处的果园。

看着高高悬挂的果实，山羊怀疑自己的个头是否能够碰到这些诱人的果子。当它低头思索时，它突然发现了自己被太阳照在地上的长长的影子："我的影子这么高大，我肯定可以够到那些果子的。"想到此，山羊十分兴奋，开始向远处的果园跑去。

太阳渐渐升到了中天。这时，山羊也快跑到了果园旁边。看着自己突然变短的影子，山羊一下子惊得停了下来。"我怎么这么矮小？"山羊惊讶起来。当它再看近在咫尺的果树时，果树好像比之前高大了许多。"这么高的树，我怎么能吃到上面的果实呢？其实，我刚才先把菜园的栅栏啃断几根，自己是可以进去的，我还是回去吧。"想到这里，山羊又开始掉头向菜园跑去。

跑到栅栏边，山羊便试着用嘴去啃那些栅栏。可是，这些栅栏实在太硬，山羊觉得自己的牙齿都要被啃掉了。山羊啃了半天，也没有啃断一根栅栏。

这时，太阳已经西斜。山羊又看到了自己高大的背影，它觉得自己又有可能吃到果子了。于是，山羊又开始向果园奔去。

虽然，这仅仅是一则寓言故事，但是，它却向我们生动地展示出了犹豫不决是怎样一种心态。在这则寓言故事中，山羊在两种选择之中徘徊不定，结果，一样理想中的食物它都没有吃到。

对于大多数人来说，我们都有实现自己人生目标的计划。在制定计划的初期，我们可能信心满满、意气风发，但是，在计划进行的过程中，很多人却失去了坚持计划的决心。面对着计划外的诸多变化和诸多利益，我们在内心深处对自己的计划产生了怀疑，或者，虽然我们没有对自己的计划失去信心，但是我们却无法摒弃外部的诱惑，结果我们在坚持自己的计划和获取计划外的利益之间左右徘徊，再也无法保持精力去又好又快地实现自己最初的目标。

决心，关乎一个人坚强的意志。一旦做出决定，就应该矢志不渝地去完成它。当然，这里的前提是，决定是正确的，是具备能够被完成的“可行性”的。但是，即使是做出了正确的决定，很多人也在半路放弃了，或者将决定修改得面目全非。人们正是在犹豫不决的心态下，做出贪得无厌的事情。看到眼前的利益，就希望可以“利益均沾”。于是，人们就在自己主要人生目标的轨迹下不断地越轨。结果，不仅耗费了自己的精力、时间，还培养出了自己畏首畏尾、犹豫不决的个性。

犹豫不决的心态，使太多的人失去了自己的财富，也使太多的人失去了本该属于自己的成功。从表面上看，每个人都在恪行着自己的计划。但是，实际上，这些犹豫不决的人已经离自己的计划越来越远。最终，他们会忘记自己当初的人生规划，迷失在短期利益的盲目追求中。

只有一个人具备了决心——坚强的意志，他才能使自己的计划成为真正的行动。他会一直紧紧盯着远方的灯塔，及时调整自己的航向，使自己始终航行在通向成功的正确轨迹之上。面对着海妖优美的歌声，面对着海神掀起的巨浪，他会心无旁骛，始终以坚强的决心劈荆斩浪，直至到达自己心中的海岸。

如果你希望通过有力的执行实现自己的目标，那就努力克服你犹豫不决的缺点，坚定地保持着自己当初的决心吧。

第六辑
统筹好时间，才能高效地执行

一个执行力很强的人，会充分合理地安排好自己的时间，和时间赛跑。在单位时间内最大限度地提升自己的执行力，这样，拖延自然也就无从谈起。在短时间内取得让人满意的成果，只有这样才能得到高效的执行效果，才能够彻底地和拖延说拜拜！

不设计时间，你就是拖延者

许多人忙来忙去，最终只是穷忙，他们只知道埋怨自己命运不好，没有一个好家庭、好工作，甚至感到生活真累。可惜他们不知道怎样利用时间，怎样安排和设计时间，告别拖延症、提升执行力成为空谈，往往使自己的生活不如意。

“唉！工作又没完成”“唉哟！我怎么又忘了健身”“我真后悔，一辈子竟一事无成”，日常生活中我们总能听到这些人的叹息声。真想对他们说：为什么不事先设计好自己的时间呢？

当周澜走进办公室看到桌子上一摞摞报表时，感到非常头疼，但迫于工作，只好静下心来，翻看每一张，当看到一半的时候，秘书走进了他的办公室说：“副总，一位客商要求见您一面。”他不在意地说：“让他先在客厅等一会儿我马上就过去。”

当他用大约一杯茶的工夫翻阅完这些报表走进客厅时，看到那位客商正迫不急待地在客厅里徘徊。于是他满脸堆笑地对客商说：“对不起！我工作太忙，让您久等了。”

客商听到他这句话后，说：“如果你实在没有时间，不如我们改天再谈吧！”于是那位客商走出了客厅。

眼看着到手的肥肉，怎么会一下子就失去了呢？周澜一时感到迷茫。

第二天，董事长找周澜谈话说：“公司决定撤你的职，并决定辞退你。因为你不适合本公司的业务要求。”

周澜急着说：“怎么回事？我为了公司可没少卖命，怎么你的一句话就把一个高级职员给辞了呢？”

董事长见他仍然执迷不悟，气急败坏地吼道：“你这笨蛋，你把我1000万的生意给搅黄了，你知道吗？”

周澜终于明白其中道理，原来是自己的一句话惹恼了客商。他想起了初来这家公司的时候，在公司的员工须知专栏里有这样一段话：“时间至关重要，凡是本公司员工一律遵守时间，任何人不能因故迟到或早退；要按时完成任务；要做好时间安排，哪怕是最小的细节也必须在日程安排中列出来并付诸实施。”

周澜并不是很忙，而是没有设计好自己的时间，不仅被上司给辞退了，也给自己带来了痛苦和烦恼。周澜的一句话惹恼了客商，可想而知，设计时间是多么重要。

人们总觉得被戴在手腕上的那个小玩意控制自己没

什么必要，便可以浪费时间更准确地说就是混时间，到头来生活平平，一事无成。甚至对时间恨得要命，烦得要命。有些人则很会设计自己的时间，他们守时、准时和省时。他们先设计自己的时间计划，然后再行动，这样就不容易使自己在实现目标时浪费时间了，从而尽快地提高了实现奋斗目标的效益。

你也许没有意识到，但你一直在这样做，也就是说，你在设计着你的每一分钟或者每一小时，也可能是每一天。当你睁开惺松的眼睛，首先需要的是看一下墙上的闹钟，你要用时间去衡量自己的一切。比如，涮口用 5 分钟，洗脸用 10 分钟，吃早点用 20 分钟，赶往学校用 1 个小时。因为你怕迟到被老师罚站，所以你必须设计好时间。这只是一天中的一小部分。

巴西就是一个不设计时间的国家，巴西人戴手表比美国人更少，而且即使戴了表，也不太准确。

一个叫鲍伯的人跟巴西一家飞机制造公司签约，因为巴西人拥有汽车的很少，只好坐公交车前往。但鲍伯根本不了解巴西人的习惯。他甚至提前了 15 分钟，可是巴士司机把车丢在半路，自己已不知去向。这下可把鲍伯急坏了，因为这家公司的总裁要乘飞机去印度考察，前天吃饭时已经跟鲍伯约好了，让鲍伯在 9 点前赶到，否则这桩 1 亿多美元的生意就完蛋了。

鲍伯几次想下去找那个巴士司机，可又不知去向。只好坐在车上等着。大约20分钟后，巴士司机才慢慢悠悠地出现了，边走边吃着最后一口三明治，他向乘客说了一句："谢谢大家等我。"才开车上路，等鲍伯赶到那家公司时，公司里的人说老板实在无法等到他，就急着赶飞机去了，说等回来再说吧！

等鲍伯一个星期后来到这家公司时，公司总裁早已跟别的公司签了约。鲍伯实在感到无奈和愤慨。

读完这个故事，你是否觉得设计时间非常重要？所以，不管你多忙，赶快设计自己的时间吧！你可以随心所欲地浪费时间，也可以不去设计时间，但你无法不面对故事中那些不重视设计时间所带来的严重后果。

要想告别拖延症、提升执行力，如果不设计时间，只是盲目地去追求自己的目标，你最终也许会走到拖延的沼泽地，让你终身难以走出令人望而生畏的没有前途的窘境。

不正确的时间观念让你拖延

如果一场电影你迟到 5 分钟，那么你将会错过一个十分精彩的开场白；寒冷的冬天你睡在温暖的被窝里迟迟不想起床的时候，那些成功人士正坐在电脑旁兢兢业业地工作；你已安排好今天的行程，而朋友却打电话来邀你逛街喝咖啡，你明知今日事今日做，最后却抵不过诱惑想着明天再做。你拖延越久，就会被时间落下越久。当你拖延的时候，时间并没有因为你而停下它忙碌的脚步。今日复明日、明日何其多，人的一生中又能够有多少个明日呢？所以，在时间面前千万要守时，它可不会耐着性子等。

你知道现在是几点吗？此时可不是你逛街喝下午茶的时间，而是你手头工作的最后期限。其实我们很容易被自己主观上的时间所欺骗，它不是手表上的时间，而是我们此时此刻正在拖延的时间。

从哲学家和科学家的角度我们可以将时间看成是主观时间与客观时间，但是他们并没有就时间的本质达成过一致意见。

关于时间，亚里士多德就有一个著名的“倒树疑问”：如果有一天在森林里面倒了一棵树，这时旁边一个人也没有，那么这棵树会发出响声吗？亚里士多德提出这个著名的问题就如同他对时间的理解一样没有准确答案。他有的时候在想：如果对于时间我们不去用那些数字加以计量，那么时间还存在吗？但是科学家牛顿则相信时间是绝对的，不管有没有用数字去加以计量，它无时无刻都存在着。康德也表示，虽然我们不能直接认知时间，但是我们可以通过经验得到它。而爱因斯坦却认为过去、现在和未来全都是幻觉。这就是发生在科学家与哲学家之间，关于时间问题的一场辩论。而在这场旷日持久的辩论中要想得到一个具体的答案将会是一个非常漫长的过程。

对于爱因斯坦提出的“时间是幻觉”这种概念，拖延者往往喜欢这种说法。因为他们常常喜欢在事情一开始的时候不急不慢，当事情拖延到最后期限日益临近没有办法再拖延的时候，才感觉时间过得飞快。然而，不管时间是不是幻觉，我们始终都无法去阻止或者改变时间前行的脚步，最后的期限最终还是会如约而至。

其实对于时间的流逝我们每个人都会有不同的感受，而每个人对待时间的态度也大不相同。忙碌的人则会埋怨时间走得太快，而无聊的人觉得时间过得太慢，以至于找不到什么事情打发这无聊的时间。这就是每个人的“主观时间”，它是我们于钟表之外的时间经验。

如何将我们的主观时间与具有不可动摇性的钟表时间完美地结合在一起。这是现如今我们面临的重大课题，一个对于时间观念要求比较严格的人往往比较偏重于客观时间。而拖延者往往沉溺于主观时间从而丢掉钟表时间，久而久之也就不愿意回到客观时间，最终手上的工作将会越积越多，拖得时间越长就越来不及完成。而目前我们需要做的就是把自己的主观时间与时钟的客观时间结合在一起，只有这样我们才能够在沉溺于某件事情的同时明白什么时候应该抽身离开，而不会在妥协中失去诚信。

大多数的拖延者都会面临这样的问题：即使自己的主观时间与客观时间产生冲突的时候，也不愿意两者之间有着太大的差异。即使现在已经是下午了，但是在他们看来离下班的时间还有好几个小时，不必急急忙忙地赶工作。久而久之这种拖延变成了习惯，当一件事情来临的时候他们往往会怀有侥幸心理，单纯地认为不到最后一刻就还有机会完成。所以在事情还没有完成之前，他们丝毫不会为时钟的转动而感到着急。这时，时钟对于他们来说只不过是一个摆设而已，他们根本不会为现在几点了而着急，因为他们一直以为离最后的期限还

“早着呢”！

我们每个人对时间都有自己独特的理解，都有一套属于自己的时间观念。时间观念不同会导致行为习惯也大不相同，这样一来就会很容易产生矛盾。妻子可能会这样质问她的丈夫：“为什么每次看球赛的时候总是非常准时，但是和我看电影的时候就总是迟到？”她的丈夫也许会这样回答她：“电影在没有开始之前你就到了，而我到的时候电影刚好开始，我这怎么算是迟到呢？”这就是因每个人的时间观念不同而引发的矛盾。

不同时间观念的人很容易在时间问题上发生冲突。例如，和朋友一起商量明天爬山出发的时间，有的人觉得提前半小时动身，以免在路上遇到堵车；而有的人就会认为还是晚一点比较好，这样反而可以避开上班高峰期。于是一场关于何时爬山的讨论开始了，有的人可能会为此事争得面红耳赤，这就是因为每个人对待时间的体验各不相同。

让性子非常急的人接受拖延者的时间观念肯定是一件非常困难的事情，因为这两类人的钟表时间相差太大。而我们需要做的就是让两者的距离缩小，相互能够理解彼此在时间观念上的不同，并以此达成某种妥协，尽量让两个时钟走在同一个时间点上。

津巴多是美国著名心理学家、社会学家，他对人们时间感知的差异性做了全面的研究，得出以下结论：大多数人对于时间的感知都是通过过去、现在和未来不同坐标来定位的。但是如果有人太偏重于用某一个时间坐标来感知时间，那么他的世界观必然会受到局限。一个人如果可以在三种不同的时间坐标参照中保持平衡，那么这样的人也自然会充分地享受生活，从而适应社会发展的步伐。

所以，我们不能站在一个时间的参照点上理解时间，要知道从不同视角透过玻璃看水面上的一个点会呈现出不同的效果。我们要做的就是要将眼睛放在水面、杯子两点连成的一条平面直线上观察目标。对于时间也是如此，我们要想正确把握时间，就要抛开拖延时钟，也不要急于追赶时间，而是要参照过去、现在和未来，正确地定位时间，这样才能把握好时间，不做时间的拖延者。

在限定时间内给出结果

“执行”就是一个人对于工作无条件地接受，并且能够在规定的时间内完成并做出答复和反馈。简单地来说，执行就是“有命必复，使命必达”。有人说：“执行精神保证一切。”的确如此，执行精神保证了忠诚、绩效、结果、责任。“在限定时间内必须给一个结果”是执行精神的核心要求，而执行精神则影响着一个人的发展前途。

下面是上海锦江饭店在紧迫的情况下也能够按时、保质、保量地完成任务的成功案例。

2011年11月4日，“由于恶劣的气候，巴基斯坦齐亚·哈克将军等75人乘坐的专机不能降落于北京，最后经商榷决定，两小时后降落于上海，请立即做好迎接准备。”这突如其来的紧急任务让上海锦江饭店应接不暇。

上海锦江饭店的经理任百尊忧心忡忡地放下电话：这该如何是好，这么短的时间该如何准备，这可是迎接外国贵宾的重大任务，千万不可马虎。但是怎样才能够顺利地完成接待任务呢？任百尊缓过神来，立即通知相关人员召开紧急会议，他强调“专机在两个小时之后就会抵达上海，所以我们必须在两小时之内将75套客房、100辆轿车组成的迎宾车队、200多人的用餐妥善地准备完毕。大家有没有信心！”

命令一下，全体员工都清楚地明白这次任务的重要性，都一丝不苟地工作着。在还剩下20多分钟的时候，任百尊对员工的工作成果进行了检查。他首先来到了VIP套房，推开门房间里焕然一新，光鲜亮丽、一尘不染。他审视了一下床头的插花，只见插花典雅大方、造型新奇。当检查完所有的客房之后，他看到所有的服务员都面带微笑地准备就绪，就在这时厨师长也打来电话，向任总报告道：“厨房一切准备就绪！”他满意地笑了，看了看手表比规定的时间整整提前了10分钟。任百尊这时接到上级的电话：“国宾车队已到达淮海路与茂名路交叉口，两分钟后将进入饭店。”

齐亚·哈克将军对于锦江饭店所准备的一切服务都非常满意。直到这一刻经理任百尊悬着的心才慢慢地放了下来。他后来回忆说：“接待国宾一般都是这样紧张，像这样时间紧、任务急的任务对大家的要求必须要像打仗一样，而且必须兵贵神速。”

仅仅用120分钟的时间就能够完成如此紧急高质量的任务，这似乎是一般人不能够想象的。如果没有“在限定时间内必须给出一个结果”的执行精神，万无一失地完成这样高规格的接待任务几乎是不可能的。

“在限定时间内必须给出一个结果”这句话表面上听起来不近人情、非常苛刻，但是却可以在非常短的时间内激发出一个人最大的潜能。如果将这样的执行精神带到工作中，对提高一个人的执行能力将有着非常重要的作用。这样一来无论接到什么样的任务，都会在最短的时间里把握好时间，安排好任务，有节奏、有步骤地去完成任务，从而取得令人满意的结果。

张明刚到公司不久后就接到了一个“讨债”的艰巨任务。由于一家公司在一年前就买了340万元的设备，直至今日都还没有将剩下的30多万元余额全部付清，所以上司决定派张明将这笔债要回来！

经过好几个回合之后，张明发现无论他怎么软磨硬泡，对方公司的严总就是不肯将剩下的欠款付清。张明心想这样下去也不是办法，眼瞅着3个月的试用期就快到了，毫无进展。而唯一的收获就是和对方公司传达室的李师傅成了“熟人”。此时，他决定从李师傅这里寻找突破。

一天，张明从李师傅那里得知严总将要去参加一个“重合同、守信用”的表彰大会，他心里暗暗地窃喜了一下，一定要抓住这千载难逢的机会。他拿出纸和笔写了几行字，就朝着表彰大会直奔而去了。

当严总发表完表彰感言从台上下来之后，张明悄悄地走到他身边说道：“严总，您的发言真是太精彩了，知道您也是非常讲信用的，您看我们公司的那笔余款是不是该付清了？”严总立马说道：“没问题，回公司就把你这问题办了。”

“哈哈，我就知道严总您是一个言出必行的大老板！不过您是个大忙人，就不劳烦您来回跑了。这样吧，您只要在这个条子上签个字，剩下的事情交给我来办就好啦。”严总看了一眼纸上的字，横了张明一眼，不由地笑着说“还真有你的……”大笔一挥，签上了自己的大名。张明拿着签了严总名字的纸条，来到了严总的公司和对方的财务一起来到了银行，将剩下的余款转到了自己公司的账户上。那么这张纸条究竟有怎样大的魅力，使得拖延欠款已久的严总不得不签？

原来，张明写的是：“拖欠 ×× 公司余款至今未还，今天务必将剩下的余额如数结清！”

张明凭借这份功绩使得公司的领导对他另眼相看，在试用期未满的情况下破格转为正式职员，为他今后的发展奠定了基础。

在限定的时间内必须给出一个结果需要永不放弃敢于承担责任的精神；在限定的时间内必须给出一个结果，需要有超强的执行能力、敢于突破自己。因此，我们要加强自己的执行意识，在规定的时间内给出一个让人满意的结果，成就自己的一番事业。

把“黄金时间”都用在刀刃上

我们经常会有这样的抱怨：每天早晨一大早就起来了，忙前忙后一分钟都没有停下，为什么到了半夜手头上还是有不少的工作要处理，时间究竟都用到哪去了？培根说过，选择时间就等于节省时间，而不合乎时宜的举动则等于乱打空气。

同样的工作量，有些人忙上忙下，忙得连吃饭的时间都没有，还是处理不完手头的工作；而有些人看起来一点都不着急的样子，中午还会悠闲地喝一杯咖啡，到下班时间总能把所有的事情都处理完，一个月都没见他加过几次班。同样的工作，有些人只是循规蹈矩，机械地重复着手边的工作而无创新，工作效率也不见长；而会动脑子的人总是会找到一劳永逸的方法，在短时间内就把事情解决了。抛开一个人的办事能力不讲，其中很大的一部分原因就是因为两者利用时间的方法不同。

就像好钢要用在刀刃上，好时间也要用在刀刃上。每一天都会有一段时间可以称得上是“黄金时间”。在这段时间里处理重要的事情往往会起到最意想不到的效果。

所以，我们要合理安排时间，把握好“黄金时间”，提高我们的办事效率。

如果你觉得自己每天都忙忙碌碌的，就算是全天不睡觉也觉得时间不够用，每天都觉得工作压力特别的大。如果是这样，可以问问自己每天有多少时间是真正用在了“刀刃”上，是用来处理重要事情上的；有多少时间都用在了煲电话粥、网聊以及各种正事以外的事情上了。在我们因为时间不够用而忙得没有时间睡觉的时候，你有没有计算过有多少时间是浪费在了那些用来娱乐消遣的事情上。哪怕每次看起来只是玩了一小会儿，但是积少成多，这些坏习惯不仅浪费了我们大把的时间，而且还打乱了我们的工作计划。所以，在日常的工作中，我们要合理地安排自己的时间，高度重视时间的规划，真正做到不浪费时间从而提高工作效率。

要想做到合理安排时间，首先，要拒绝把时间用在没有意义的事情上，要对自己的时间负责，让时间为重要的事情服务，确保每一分钟都能被有效地利用，而不是整天被时间追着到处跑。我们经常会因为某件事或某些习惯而打乱了自己原来的工作计划，这就是偷走我们时间的“时间盲点”。清除这类盲点，就要将每天的时间进行合理的规划，把一天的工作任务列出一个清单来，并规定好完成每项任务所需要的时间，同时还要预留出解决突发情况的时间，或者还可以给自己腾出一些休息的时间。

其次，要找到自己工作效率最高的“黄金时间”。把时间分成几个阶段，看看哪一段时间自己的工作效率最高，这样就可以把最重要的任务放在这个“黄金时间”里去做，然后用剩下的时间来处理其他的事情。因为每个人的“黄金时间”都是不同的，所以需要根据自己平时的工作状态来判断，根据各自实际情况优化和整合时间，从而提高工作效率。

再次，有序工作、按计划执行，可以合理应用我们的时间。试想，如果一个搞文字工作的人把所有资料乱堆放在一起，本来一天就能写好的材料，结果光是找资料就浪费了半天时间，那岂不是在无形中让自己的时间白白浪费掉了？

中美贸易全国委员会主席唐纳德在《提高生产率》一书中提到如何提高工作效率时总结为“三原则”，为了提高工作效率在做一件事情之前应该先问三个“能不能”：能不能取消它？能不能把它与别的事情合并起来做？能不能用更简单的方法做？

这样，我们就可以淘汰掉一些无关紧要的事情，甚至是浪费精力的事情。还可以试着把几件事情联系到一起一块解决。也可以提醒自己想一想有没有更简便的做事方法，可以提高工作效率。这样，我们不但可以有选择地做事情，还可以有方法地做事情，不仅可以避免浪费时间，还会节省不少的时间。

许多人都会感觉工作也不是太多，但是做起来却非常吃力，这是因为没有合理地计划。没有计划，就会使人陷入混乱之中，做事没有条理、丢三落四，平白浪费掉不少宝贵的时间。也很可能会被一些不在计划之内的事情缠住脚步，导致正在做的事情没做完，该做的事没时间做。所以，如果你有很多的事情等着去处理，那么一定要提前做好计划。这样不仅可以系统安排你的时间，还可以把杂乱的事情整理得更有条理，防止遗漏。

另外，还需要用最佳的状态去做最难或最重要的事情，这将使你的工作效率在无形之中得到提高。一些科学家经过研究发现，人和其他生物的生理活动都存在明显的时间规律，人的智力、体力情况会有一定的周期性变化。就像我们都知道一个人记忆力最好的时间是在早晨，所以学校才会在早晨安排晨读的时间。因此，我们要善于安排自己的时间，找出一天中最适合自己的工作时间，处理一些自己认为比较复杂和重要的工作，而把精力稍差的时间用来处理例行公事的事情。如此一来，工作效率自然而然就会提高了。

积极地寻找自己的“黄金时间”，争取把“黄金时间”都用在刀刃上，有计划地做事情，让所有时间都能够被充分有效地利用起来，用最少的时间去创造最大的价值，摆脱拖延症对我们的干扰，让生活变得更舒畅。

珍惜分分秒秒，盘活那些零碎时间

时间是一分一秒浪费掉的，也是一分一秒收集起来的。有的人会在一件事情上一再浪费时间，而有的人却会挤出零碎时间多做一些事情。千万不要小看那些零碎的时间，也许它只是可以用来上个厕所、抽一根烟的时间，但好好利用起来，完全可以帮助我们处理一些大事，甚至还可以学会一门技艺。

如果每天给你 15 分钟你会用来做什么，也许你会觉得什么都做不了，因为它恐怕就连下楼买一杯咖啡的时间都不够。

利用不起眼的 15 分钟，王娜坚持一年就掌握了初级韩语，然后在节假日一个人去了韩国。她在韩国旅游了一个星期，逛遍了首尔的每一个角落，每天吃着不同的美食，她甚至还去庆熙大学逛了一圈，在那里遇到了几名中国留学生，和韩国大学生玩得很开心。她用一周的时间拍了很多韩国的美景，逛了不少美妆店，看了一场演唱会。王娜的韩语水平就像当地人一样，因而自信而游刃有余地在韩国游玩。不少同事都为之惊讶，没人能够想到她竟然可以在忙碌的工作之余还能挤出时间学习了韩语。这分明就是一件很不可思议的事情。可她就是做到了。其实她也没有做什么，只是在喝咖啡的时候顺便记了几个单词而已。

我们都明白积少成多的道理，但往往因为过程太漫长、时间太琐碎而难以坚持，不愿珍惜。可我们的每一天就是由一分一秒组成的，没有这些无数的分分秒秒，也就没有我们漫长而完整的一生。

我们把节约时间当成是一种可以延续生命的习惯。一生可以做多少事情，我们不敢想象，所以，千万不要小看一生中的每一个 15 分钟。

也许你不知道自己什么时候会有闲暇的时间，也没有办法将这些时间整合成一天，但是你却可以在每一个闲下来的十几分钟里让自己行动起来。也许你对象棋感兴趣，也许你想学吉他或是素描，再或者你最近刚买了一部单反相机正愁没有时间学习。没有关系，你可以充分利用好手头的每一个闲暇，把闲暇的时间交给自己的业余爱好。这样，你不仅不会为了无事可做而觉得无聊，也不用再为没有时间用在自己的兴趣上而犯愁。时间就在你的指缝里，只有珍惜并加以使用，就比白白浪费有价值得多。

鲁迅先生曾说："时间就是生命，浪费别人的时间就等于谋财害命。"如果是这样，那么浪费自己的时间是不是就可以看作是在慢性自杀？鲁迅还说过："时间，就像海绵里的水，只要你挤一挤，总是会有的。"其实这正好说明了他取得成功的一个重要秘诀，那就是珍惜每一分钟。

鲁迅 12 岁在绍兴私塾读书的时候，父亲正患着重病，而他还有两个非常小的弟弟。那时候的鲁迅不仅要经常上当铺，跑药店，还要时不时地帮母亲做家务。但是他不想因此而耽误学习，所以他就充分利用自己的每一分钟。鲁迅有很多的兴趣爱好，喜欢读书，又喜欢写作，对于民间艺术，特别是对传说、绘画也情有独钟，所以时间对他来说显得尤为重要，鲁迅几乎每天都在挤时间。尽管他一生多病，生活环境和工作条件也不好，但他还是不愿意浪费每一个值得利用起来的时间，每天都要学习，直到深夜才肯罢休。

著名科学家牛顿，也是一个视时间如生命的人，他总是会抓紧每一分每一秒来工作。为了进行科学研究，他常常会忙到废寝忘食的地步。

有一次，牛顿已经约好一位朋友来自己家里吃饭，朋友按时来到牛顿家里赴约，但是牛顿仍然在实验室里埋头工作着，直到饭菜上桌他也没有意识到朋友还在等自己。那位朋友看他忙于工作就没好意思打扰他。朋友左等右等，实在是等得不耐烦了，就自己狼吞虎咽地吃了起来。吃完后，将鸡骨头留在盆里，没有收拾也没有跟牛顿道别就先走了。牛顿做完实验后看到饭桌上吃剩下的鸡骨头就自言自语地说："啊，我还以为我没吃饭呢，原来已经吃过了。"

这虽然看起来好像是一个很可笑的事情，但是这也足以说明出了牛顿废寝忘食的程度。我们不一定非要像他们那样舍不得拿出一分钟放松自己，但是我们也不能白白让时间浪费了。时间对于每一个人来说都是非常有限的。时间就是生命，在每天的忙忙碌碌中，很多时间就在我们毫不珍惜中浪费掉了。这就像是生命被扎了一个很小的洞，每次都流出一点时间，日复一日我们才发现，生命里出现了一块空白。等到那时候，流走的时间就已经找不回来了了。所以我们要及时发现生命里的"漏洞"亡羊补牢，只有这样才不会让更多的时间荒废。

从现在开始，利用起你每天的零碎时间，用它来修建自己荒废已久的兴趣殿堂。每天捡起你丢在地上的15分钟，一砖一瓦，用不了多久，你就会建起一座宫殿。没有一无用处的时间，有的只是不懂利用时间的你，不要做自己生命的掘墓罪人，尽量不要让今天的时间白流，要让生命里的每一分钟都实现它该有的价值。

学一学“瑞士奶酪”时间整理术

相信大家一定听说过瑞士奶酪。瑞士奶酪因为它的美味而享誉全球。一般来说其奶酪上的圆孔越大，奶酪的风味就越好。因为奶酪的圆孔越大，就证明其贮存的时间越长，而且也不方便切，有时需要借助专用的切削器具。

我们可以从瑞士奶酪的这些特点想到我们的时间，有时候我们觉得已经将时间充分利用了，但是结果却不尽如人意。其实，时间并不是安排得越详实越好，有时候时间也需要慢慢发酵，生出空隙才会更有韧性。不要小看了平时松懈下来的每一点“不值一提”的琐碎时间，这也许就是能够发酵我们工作的奶酪时间。

不妨设想下面的工作场景：刚打完一个商务电话，眼下最着急、最需要应付的就是年度销量表。这是一项很复杂，又很花费时间的工作。看看手表，还有几分钟就到午饭时间了，可是桌子上还堆着一堆日常事务文件等着你处理。在这种情况下你会怎么做？抓过几份日常文件草草了事？尽管感到时间紧迫，你仍花几分钟的时间去做报表，还是干脆提前吃午饭呢？

最好的回答是：尽管可以支配的时间只有 10 分钟，也要开始着手整理报表。这听起来似乎是不切实际的，甚至没有意义。但是我们必须要正视这样一个事实：我们通常是拿不出一整段的时间来处理一件事情的。再过几分钟就该吃午饭了，先把报表放下，转头处理一件简单的事务吧。如果你遇到事情都是这样的态度，那么你就是在逃避、拖延真正重要的事情。

在这种时候，如果转向简单易行的任务，你所要做的就是使重要工作与简单事务产生竞争关系。

要想取得进展，就要借鉴瑞士奶酪的方法：像奶酪一样在时间上面戳出一个个的小洞。我们可以把这些洞叫作“速成任务”。

速成任务就是指，只需要花费 5 分钟甚至是更少的时间即可完成的任务，而这些任务就是能在重要任务上开启突破口的小洞。也就是说，我们可以在午饭前的 10 分钟里完成两项速成任务。所以，我们必须把可能的速成任务列出清单，并且明确先后次序。

也许你会觉得 10 分钟做不了什么事情，但是瑞士奶酪式时间整理术却可以为我们提供一个解决方案。找到一些用 5 分钟或者更少的时间就可以解决的任务，然后马上行动起来。一旦任务开启了，就要给自己一个把整件事情彻底处理完的计划。比如说，你可能会在整理过程中对其中一份文件很感兴趣，结果你足足用了45分钟还没读完。可这时你已经饿得饥肠辘辘了。显然，这是因为你一开始就没有选择好适当的任务。

还有一种可能，就是你意外地发现了一个死胡同。于是找人解决相关的问题，结果事情要到明天才能得到明确的答复，你可能会为此感到高兴，因为你为自己找到了继续拖延的极好理由。所以，一旦初步努力失败了，你就要及时寻找新的速成任务，然后立即开始。

这种瑞士奶酪式的方法有一点很容易让人接受，那就是你接下来要做的是一个极其简单的任务，并且跟眼下的重要任务相关。立即开始做点什么，只要跟重要任务相关，不管你选择做什么，只要开始做了，就不会浪费眼前的10分钟时间。这一科学的方法有时会带来意想不到的突破。你就会惊喜地发现原来想要搁置的这项重要任务，现在已经比预想中容易得多了。等你把重要任务的各个部分都逐一突破后，你又会发现，原来工作竟可以像拼图游戏一样分阶段来完成，最后只需要稍作整理就结束了。

就这样，我们不仅没有浪费掉看起来毫无价值的10分钟，反而还在重要任务上打开了一个又一个的空隙。当我们着手这类事情的时候，我们会意外地发现，原来我们已经解决了不少的细节问题。

所以，千万不要小看任何一点时间所能够带来的价值，也不要找任何借口来拖延一件事情。拖延有时候可能不会给我们带来多大的麻烦，但稍微不注意，一次次小的拖延就可能造成不可挽救的灾难。

让自己成为高效能人士

有人问你：你在干什么呢？是在和同学玩耍呢，还是在听歌？你的作业做完了吗？星期天有什么打算？你也许会说：讨厌，你管得着吗？这是我个人的事，跟你有什么关系！

你先不要急着恼火，因为我们在教你怎样利用时间，怎样让你成为一个高效能人士。

所谓“不怕慢就怕站”，就是让你别耽误时间，要把一秒钟、一分钟的时间都充分利用起来，投入到学习、生活和工作中去，不要把时间都浪费在吃喝玩乐上。更不要因一时领先而沾沾自喜，也不要因一时落后而垂头丧气。

只有你把别人认为的“闲暇”变成“不闲”，争取利用分分秒秒的时间，把全部时间合理地用在你的人生目标上，你就能使自己更好更快地实现目标。

不要认为时间很多，一天、一个星期甚至一年，它可不像别的东西，丢失了可以找回来，损失的时间是不可能再找回来的，哪怕是一秒也无法再得到。

因此，要想让时间出效率，你就不能停顿下来，必须争分夺秒地利用时间，只有把时间合理地利用起来，才能提高你的学习和工作效率。

英国的一所学校里，学生们正在操场上活动，有的打蓝球，有的踢足球，有的在跑步，各种各样的体育运动都在紧锣密鼓地进行着。可是，有一个叫莱西的小女孩却坐在离操场很远的一棵树底下，专心致致地读书。

一打听，才知道莱西以前很贪玩，学习成绩一直不好，老师说她智商太低，永远不会有出息。同学们说她是一个笨家伙，就连她最要好的朋友杰米也同她分手，不再同她来往。回到家里更让她失望，父母都认为她读书根本没用，不但不进行辅导，母亲还让她帮着做家务，更可恶的是她的父亲，每天都对她骂骂咧咧地说："如果你的学习成绩 3 个月后不提高，我将把你介绍到一家纺织厂去做工。"

在同学的冷眼、父亲的谩骂之下，莱西终于醒悟了，她没有想到一个学习成绩不好的孩子会是这样的。她下定决心，一定要尽力把落下的功课补上来。

于是她一改往常的习惯，不再贪玩了。一天，母亲出去买菜，让她看好院里晾晒的衣服，可她偏偏为了一道数学题弄得不可开交，一时间忘记了母亲的嘱咐，等母亲买菜回来，衣服早已让邻居家的一只小花狗给叼跑了。为此，母亲狠狠地打了她一次。

晚上，同学们都早入睡了，她还趴在床上学习。就这样，莱西没日没夜地学习，虽然她熬得眼圈发黑，身体渐渐消瘦，可是她的学习成绩在原来基础上提高了一大截。到期终考试时，她以全校第一的好成绩，终于赢来了同学们的笑脸和父母的夸奖。

莱西的故事告诉我们：时间能送给你宝贵的礼物，它能使你变得更聪明，更美好，更成熟。不怕时间不等人，就怕你不知怎样去利用时间。

利用时间要坚持不懈，持之以恒，你不能因一时的成功就把时间丢在一边，不去重视它。让时间时时刻刻留在你心中，这样你才能成为一个真正的高效能人士。

由于每个人的性格不同，价值观不同，利用时间的方法也就不同。有的人总认为时间是一个救世主，一生中最离不开时间，他们会很好地利用分分秒秒，让时间充当自己生活中的帮手，为自己创造高效能。

可有些人却觉得：日出而作，日暮而息，就已足够，何必把自己的时间安排得满满的，真让人受不了，该放松就放松。所以，他们的生活总是平平常常，一生也一事无成。

对待时间的两种截然不同的态度，导致了天壤之别的两种结果。

高效能人士总是不让时间停顿下来，将别人休闲的时间充分地加以利用，他们认为时间就是生命，时间就是财富，时间就是动力，在他们的心目中，最浪费不起的就是时间，

富兰克林曾经说过："切勿坐耗时间，须知每时每刻都有无穷的利息，日计不足，可岁计有余。"

你浪费过时间吗？是让时间等你，还是你利用着时间？我们认为，从小养成珍惜时间的习惯，对你的今天、明天甚至将来都有好处，不怕慢就怕站是取得成功的法宝。只有坚持不懈地利用好每一分钟，你的生活才会更加美好，才会一路顺风地到达目的地，成为高效能人士。

先做重要的事，而不是紧急的事

在现实生活中，你可能会遇到许多事情，它们纷纷而至，令你应接不暇，处理起来就会感到有些棘手。但

是如果你分清轻重缓急，设定做事情的顺序，那么，你的办事效率一定会提高很多。

所谓做重要的事就是根据自己的意图，从所有的事情中抽出主要的来做。从辨证学上看，任何事物都有其重要的“点”，只要找对这个点，先去攻击这个点，效率就会提高。

把事情做好最有效的方法，就是掌握事情的重点，时刻把重要的事放在第一位，不被感觉、情绪或冲动所左右，就能做到充分利用时间，办事效率自然而然就会提高。

在确定大致的方向以后，再落实于日常生活中，此时做事的方式就显得很重要。不妨看看以下几点，你是否也有同样的处世态度：

（1）你是否经常有繁多的工作或是其他事情？

（2）你认为你的人生最重要的事情是什么？

（3）如果你遇到能对你的生活产生重大影响的事，你会果断地做吗？

（4）在做与你的前途有关的事时，你会偏离方向吗？

（5）你是否做事情从不耽误时间？

通过以上 5 个问题的答案，你就能对自己的办事能力有一个基本的了解：你做事情，是不是已经分出轻重缓急？如果你目前还没有按照这一规则计划你的生活，那么就从现在开始来培养这一习惯吧，有了这一习惯，你就会在日常生活中，展现出积极主动地确立目标的生活态度。

充分把握、充分利用时间的关键是自我意识，有了它，你就能对事情进行有效抉择，它将会给你带来意想不到的效果，它能让你改变你的生活。不过在日常生活中，要想充分发挥出它的作用，就需要你有很强的自制力，做到言必行、行必果。

在做一件重要事的时候，总会有许多琐碎的小事来干扰你，比如说电话或有人拜访。一般来说，这些事情总会占用你的时间。因为电话一响，你就要去接；别人来拜访也要会客。这些事情经常发生在你的生活中，并且属于无奈之事。

现实中看似紧急之事在生活中随处可见，推托不得。这其中大部分可能都是比较紧急却不一定是很重要的。但对你来说，与你人生的大目标有关，或有利于你实现个人目标的事才是重要的事，如果你对看似紧急的事立即做出反应并在其中消耗光阴，而对重要的事却不随时尽心尽力，这就必然会影响你实现个人目标。只有那些既紧急又重要的事，才是无法避免的、必须要做的，绝不能把大部分时间都浪费在看似紧急但不重要的事情上。因为生命对你来说是有限的。

真正杰出的人，固然有些琐事很紧急，但是绝不轻易放过任何机会。当你正在做一件很重要的事时，请尽量不要让那些琐碎的事干扰你，这样你才能更加专注地做一件事，而不至于走火入魔偏离了实现你人生目标的轨道。

程宇是一家公司的经理，有一次他正在专心地做一份计划书。这个计划书对公司很重要，如果成功的话将给公司带来巨大的财富和美好的发展前景。可当他在办公室里忙着这件事的时候，电话不断，或者有下属进来请教如何处理一些小问题，尽管他已要求下属不要让电话或别的事来打扰他，可是仍然会有不少下属来找他。因为他给下属的自主权力太小了，下属们都不敢擅做主张，每有一件急需处理的事就必须来请教他。这使他不能专心地把计划书做好，可是使用计划书的时间就要到了，程宇一气之下对下属们说："你们不要再来打扰我，有什么事你们自己处理就好，只要不把公司弄得不可收拾就行了。"

当他做完计划书后，忽然想起对下属们说的话，于是赶紧去查看公司有什么问题。结果他惊奇地发现，公司里不但没有出现任何不可收拾的问题，反而运行很好。这件事引起了他的思考。

集中精力做好当务之急的事，需要你排除次要事务的干扰。如果你总抱有什么事除了你别人都办不好的心态，那么随便一些琐碎之事就能捆住你的手脚，让你很难顺利地达到既定的目标。在这种情况下，就要想办法排除琐碎之事的羁绊，这样才可以迅速地提高办事效率，为你完成大目标争取更充分的时间。

一旦设定了分辨轻重缓急的做事原则，你就能在工作中享受到追求人生目标的快乐感受。以这一原则为中心，做事自然能得心应手。但是按这一原则处理事情，对你自身的自制力是一个重大考验，要通过这个考验，就要在平时注意培养处理事情的习惯，从而坚定你的意志。

虽然有些事，你事先已经安排好了，但是在执行过程中若遇到需要更改时，那就必须要掌握好原则问题了。有了原则，任何调整都不会影响你的既定目标。

有人说："只要勤奋就能创造高效率。"其实对现在的青少年来说，在最短的时间内完成更多的目标才能创造出高效率，而这一高效率的前提就是做重要的事情，也许在这一过程中会出现看似紧急实则无谓的事。

你只要把握好重要的事优先的原则，就能在繁杂的生活中更有效地利用时间，而你的生活也将在井然有序中度过。

第七辑
激发使命感，增强执行的决心

能不能快速、顺利地完成一项工作，很大程度上取决于执行者的使命感。使命感不强的人，在做一项工作的时候，就会缺乏主观能动性而懒于执行，会产生做事拖延的现象。而使命感强的人，则会全心全意地工作。

为自己的工作设立一个高标准

主动为自己设立高的目标，才能自动自发地去做事，同时也为自己的所作所为承担责任。这是对自己负责的一种态度。是的，没有人要求你这样做，你这样做的唯一原因就是希望自己能够成功。只有你拥有这样的意志和心态的时候，才可能有所成就。

我们从小就有着自己的远大理想，在为之努力的同时我们总是缺乏坚持下去的意志。这就要求我们时刻以一个高标准来要求自己，不用任何借口来为自己开脱。

著名的投资家亨曼给自己的生活做了一条规定：无论在任何时候，无论在任何情况下，每天必须读 20 页的书。有人问他这样做的意义，他说："我这样做的目的其实只是锻炼、培养自己的意志。"

在这里，读 20 页书仅仅是一种形式，其真正的目的在于培养自己持之以恒的精神。如果我们仔细研究一下成功者的事例，我们不难发现，那些到达事业顶峰的人，都是对自己严格要求的人。

他们给自己定的目标很高——这一点也许很多人都是如此——同时他们也严格地按照自己设置的目标去行动。如果你想登上成功之梯的最高阶，就必须永远保持这种自发的工作状态。这种状态的保持是没有条件的，即使你的工作再枯燥，即使你的工作再艰难，也始终要坚持不懈。

懂得克制自己的人不会被自己的欲望牵引着盲目地乱走。他们会为自己设定一个标准并且严格地去执行，他们都有着自己的原则，他们遇到事情冷静从容，能够不急躁、有次序地前进，而且有始有终。会克制自己的人才能够充分地发挥自己的潜能，但是不能否认的是，这需要很大的勇气和坚强的意志，因此，我们必须学会约束自己、制约自己。

在日常生活中，弱者往往用自己的思绪来控制自己的行动。反之，能够用自己的行动来控制思绪的则是强者的重要表现。时常注意将情绪调整到较佳状态，时间长了就可以增强自己的意志，最终实现自己的目标。

不善于自制的人就像给自己安放了一个不知道什么时候就会爆炸的炸弹，因为不知道它什么时候会炸响，所以时时刻刻都战战兢兢。

有一个投资专家曾经为希望成为百万富翁的年轻人提供了一个办法：每个月在自己的账户上存600元钱，

这样一直坚持40年，就可以成为百万富翁。是的，办法就是这么简单，但是你能够为了自己这个目标坚持40年吗？

其实，所有的事情说起来都是那么的简单，关键在于你是否能够坚持。而且最关键的是，你在事情开始的时候能否坚持。当你形成了一种习惯后，一切就会变得很容易。我们的惰性不就是这样形成的吗？如果反过来，不就可以养成一种良好的习惯了吗？

为自己设立一个高的标准，然后集中精力，坚定自己的意志，一步一步地走下去，如果能够这样，无论你在做什么，都永远不会偏离成功的方向！

你必须担负工作责任

杜鲁门是美国的前总统，在他办公的桌子上总是摆着这样一个牌子，上面写着：Book of stop here（问题到此为止）。这就是责任！如果在工作中你对待每件事情都是这样的态度“Book of stop here”，那么你将会赢得所有人的赞誉和尊重。

你所做的每一件事情都要求你必须承担相应的责任，权力越大、职位越高就代表着自己肩上所承担的责任越重。千万别害怕承担责任。立下决心：我一定能够承担任何正常职业生涯中的责任，并且我能够比别人完成得更加出色。世界上最愚蠢的行为就是当责任来临时推卸责任，认为自己还没有准备好承担责任的勇气，想着等准备好了、条件成熟了再去承担。需要你承担责任的时候你就应该勇敢地去面对，这个便是最好的准备。假如你还不习惯这么去做的话，即使等到条件成熟的时候，你也不可能承担得起责任，甚至不会做好任何事情。

如果你是一位母亲，你的小孩一不小心撞到了桌子上，并且嚎啕大哭起来，等待着你将他扶起来，这时的你会怎么做呢?

也许，你会走过来抱起跌坐在地上的孩子，然后佯装拍打着桌子，似乎要给孩子报仇出气。这时孩子或许会停止哭泣。但是你并没有意识到，你在不知不觉间给孩子灌输了一个概念：责任在别人。

正确的做法应该是这样的：让孩子自己爬起来，然后在和蔼地对他说："下次走路一定要注意一点，要不然还会摔倒的。"

我们在遇到事情的时候常常会将责任推卸到其他人的身上，这是非常错误的做法。此时我们应该检讨一下自己，而不是一味地推卸责任。在现如今的社会里，越来越缺少那些敢于承担责任的人。不论对于家庭、公司、还是周围的社交圈子，一个人的责任感都是很重要的，它意味着专注和忠诚。

小田千惠是日本索尼公司销售部的一名普通员工，她的工作就是为来来往往的客户订购火车票和飞机票，由于业务的需要，有一段时间她负责为美国一家大型公司的总裁订购往返于东京和大阪的火车票。后来，这位总裁发现了一个非常有趣的现象：当他每次去大阪的时候，他的座位都是在同一个位置——紧邻右边的窗口，而且在返回东京时，座位也总是在靠左边窗口的位置上。这样，在每次一抬头的时候总能够看到美丽的富士山。总裁想："应该不会每次都会有这样好的运气吧？"于是便询问小田千惠。

小田千惠笑着解释说："哦，是这样的，当你去大阪的时候，富士山在车的右边所以我就特意将座位安排在右边，而回来时富士山却在车的左侧，以便于您来回都可以欣赏到富士山那壮丽的景色，每次我都特意为您预订可以一览富士山的位置。"

总裁听完小田千惠的这番话之后，内心深处产生了强烈的震撼，由衷地赞美道："真是太谢谢你了，你真是一位很出色的雇员！”

小田千惠笑着回答说：“您过奖了，这完全是我工作职责范围之内的事情。在我们公司，还有比我更加尽职尽责的同事呢！”

这位美国总裁便向索尼的领导层不无感慨地说：“如此小的一件事情，贵公司的职员都能够办得如此周到，毫无疑问，我们即将合作的计划你们也定会尽心竭力的，与你们合作我一百个放心！所以我决定将贸易额从原来的500万美元提高至2000万美元。”

不久小田千惠就由一名普通的接待员提升至接待部的主管。

毫无疑问，像小田千惠这样的人是值得所有人学习的榜样。因为她清楚地明白，要想做一名合格的员工就必须尽职尽责，将责任根植于内心，让它成为脑海中的一种自觉意识。这样的话她在日常的工作和行为中就会表现得更加卓越，从而对自己的工作能力更加自信。

我们常常会看到这样的人，当他们在和别人谈论自己公司的时候，所使用的代名词通常都是“他们”而不是“我们”，比如说“他们销售部怎样怎样”“他们行政部怎样怎样”，这是一种典型的缺乏责任感的表现，这种人丝毫没有“我们是一个整体”的认同感。

尽义务、敢于承担责任是成熟的标志。一个有着强大执行力的人，对自己的所作所为总会承担相应的责任，始终做自我的主宰。

时刻记住，这就是自己的工作

无论对工作、对家庭、对亲人，还是对朋友！都必须有责任感。我们之所以对自己的行为有所约束，就是因为我们清楚地知道自己有着这样或那样的责任。一个人一旦养成找寻借口的习惯，他的责任心也将随之被磨灭，等待他的糟糕结局也就不会太远了。

人生没有什么是不可能的事情，只要你遇到事情不为自己找借口，并勇于承担起责任，那么你就能够做到对工作尽职尽责，就能做好一切。

查姆斯是国家收银机公司的销售经理，公司的财政陷入了危机。驻外负责推销的销售人员知道了这件事情，工作热情都大大减弱，销售量也开始下滑。到后来查姆斯不得不亲自召集全美各地的销售人员来开会。

会议正式开始了，首先发言的是销售员代表，他们似乎每一位都有着一段不堪回首的往事要向大家倾诉：资金短缺，商业不景气，人们都希望等到总统大选揭晓以后再买东西，等等。当第五个销售员开始列举使他无法完成销售配额的种种缘由时，查姆斯再也按耐不住了，他跳到了会议桌上，高举双手，说："请大家安静，大会将暂停10分钟，等我先把皮鞋擦亮。"

很快，查姆斯让一个工人把擦鞋工具箱拿来，并且让这位工人把他的皮鞋擦亮，而他就站在桌子上不动。所有在场的销售员都目瞪口呆，会场哗然一片，大家都以为查姆斯简直是疯了。

等皮鞋擦亮以后，查姆斯继续他的演讲。

他说："我希望你们每个人，好好看看这位小工友，他拥有在我们整个工厂和办公室内擦鞋的特权。以前擦鞋的是位白人小男孩，年龄比他大许多。尽管每周他都会得到公司补助的5美元的薪水，而且工厂里有数千名员工，但是他所赚取的费用还是难以维持他的生活。

"但是这位黑人小孩却截然不同，同样是擦鞋并处于相同的环境下，也在同一家工厂内，工作的对象也完全一样，而他既不需要公司补贴薪水，每周还可以存下一点钱来。

"那么问题来了，我想问一下在座的各位：那个擦皮鞋的白人小男孩拉不到更多的生意，是他自己的错还是客户的错呢？”

那些员工一致说道：“当然是那个小男孩的错。”

“正是如此，”查姆斯接着说，“你们也是面对相同的地区、相同的商业条件、相同的消费者。但是为什么你们的销售业绩却大不如去年。这到底是谁的错？是客户的错还是你们的错？”同样又传来如雷般的回答：“当然，是我们的错。”

“对于你们能够坦率承认自己的错误，我很高兴。”查姆斯继续说，“你知道你们错在哪里吗？当你们听到财务陷入危机的传说，你们对工作也就失去了热情，所以你们就没有以前那么努力了，如果你们现在回到自己的岗位并能够在20天之内，每人卖出5台收银机，那么我们公司也就不会再发生什么财务危机了。请你们时刻记住你们的工作是什么，你们愿意这样去做吗？”

在场的人异口同声地回答：“愿意！”

推销员们之前所说的种种借口，“商业不景气，资金短缺，人们都希望等到总统大选揭晓后再买东西等”，都不复存在，20天之后销售业绩上去了。

如果一个清洁工人不能忍受垃圾的味道，那他还能成为合格的清洁工吗？如果一名印刷机机长，常常抱怨机器的轰鸣，那么他还算是一名优秀的技工呢？记住，这是你的工作！一个人的工作质量往往会决定他的生活质量。

有的人心里想着过一天算一天，他们总是不断地抱怨着自己所处的处境，总是嫌自己的工资太少，他们像大海上随波逐流的浮木，他们最开心的时间就是吃午饭、发薪水以及下班后的时候。他们为自己又混过去了一天而感到高兴。难道这就是一切吗？

当然不是，生活应该是这样的：每一个人都严格要求自己，勇敢地承担起自己应该承担的责任，努力地将工作做到最好。能完成 100% 就决不只完成 99%。只有这样，才是成为一个有着强大执行力的人！

对结果要有“志在必得”的决心

在工作中，只有对想要的工作结果表现出一种“志在必得”的决心，你的工作才有可能做得更好！

2000 年，全球汽车市场非常的不景气，日本几家大型的公司都纷纷面临着倒闭的局面。尼桑公司也岌岌可危，为了扭转局面，尼桑请来了卡洛斯•戈恩担任首席执行官，他被人称之为“营救大师”。如果将近10年最受人们推崇的经理人排名的话，卡洛斯•戈恩绝对是一个非常强的竞争者。如今的尼桑公司就靠他力挽狂澜了。

卡洛斯·戈恩刚上任就决定开展“180”计划，“180”是将来要实现的日产目标。

卡洛斯·戈恩刚开始提出这一计划的时候引起外界的一致反感，大家认为面对如今这样的形势，要想完成这个计划几乎是不太可能的事情，这样做完全是想要砸了工人们的饭碗。卡洛斯·戈恩所提出的这个计划，完全是摆出了要和外来资本家决战的姿态。然而，卡洛斯·戈恩最终不仅扭转了尼桑亏损的局面，而且实现了日产的持续性、营利性增长，2004年全球汽车的销售量增加100万台，运营利润率达到8%，这使得业界所有的人为之震惊。人们觉得非常不可思议，于是就向卡洛斯·戈恩请教其成功的方法和规律。

有记者问戈恩，为什么在刚上任的时候就把目标说的那样肯定，丝毫没有给自己留下任何的退路。戈恩回答道：“人们往往只看结果而从来不问过程，结果简单明了，谁都可以去衡量、去评价。当我们在给对方一个结果式承诺的时候，他们就会立即转变对我们的态度，最后也自然没有理由不给我们一个机会！我们按承诺执行，按承诺兑现，没有任何借口，一切为了结果。”

记者接着问：“但是所有人都知道对一个连续亏损了多年的国际性企业来说，要想顺利地完成这么一个伟大的目标，尽快地使日产扭亏为盈，是一件多么困难的事情。难道当时大家对您所提出的这种观点没有产生过疑虑吗？他们相信您能够如期完成这个任务吗？”

戈恩回答道：“在开始的时候，人们大多持怀疑态度。但不是否定，只是怀疑。很明显，在他们的眼中我可能只是一个外人不了解他们的文化、产业结构。可能也未必能够使公司状况有多大的改善。他们这种怀疑我完全能够理解，但是我并不希望他们对我所提出的计划和构想有反对力量和抵制情绪，相反我真的很希望他们对我有这样的疑虑，希望我所构想的结果成为我的支持力。希望把所有员工和领导的信心和信任建立在事实之上，而这所有的一切光靠嘴巴说是没有任何说服力的，还需要靠实际行动来加以证明。制定日产复兴计划是我们迈出的第一步，我们要对计划的实施结果做出承诺。”

“那您所做出的‘承诺’对您来说究竟意味着什么呢？”

“承诺看起来是一个非常简单的词，实则却没有那么简单。当你身为一个公司的总裁向公司所有员工概括所有要做的事情之后通常会说：‘作为公司的总裁，我向全体员工做出承诺：明年公司的运营利润率一定要有明显幅度的上升，债务也将会得以削减，并附上一些量化的指标。’既然我已经做出了承诺，那么就必须要为承诺负责，如果做不到的话就必须要辞职离开。对于我来说只有一次机会，除了成功似乎别无选择，所以我说的话这么的坚定，我想让所有的人都看清楚把全员参与的思想从头到尾地贯穿于这个计划中，我要让所有的经营委员会成员也参与进来。从一开始形势就很严峻，那是一种破釜沉舟的架势。”

在卡洛斯·戈恩的眼中没有“假如”，只有“必须、一定”，他从一开始就下定决心，承诺过的事情就必须要把它完成，这对于他来说也是一次挑战。既然锁定了目标，锁定了结果，那么对于结果，就不是要，而是一定要！从一开始就下定决心，一定要实现想要结果。没有第二个计划，这就是卡洛斯·戈恩执行的逻辑！

韩国三星集团总裁李健熙有这样一句名言：“除了妻儿，一切都要变。”现如今这句话还在电子商业界广为流传着，这句话最后也成为当年李健熙下定决心带领三星集团励精图治、发奋改革的真实写照。

李健熙在1987年上任之后开展了一场“产品一流化、为顾客提供全方位服务及树立优秀企业公民形象”的企业经营新运动。在当时，面对充满风险的亚太市场，面对臃肿复杂的公司业务体系，李健熙决心给“沉睡中的三星一剂猛药，一枚改革的信号弹”。他只保留最重要、最有盈利前景的核心项目，比如金融、贸易和服务、消费类电子产品，对于那些毫无盈利非核心的领域一律放弃。这场商业变革牵涉的范围非常广泛，最后就连上下班的时间都改为“朝七晚四”，几十万的员工都提前了两个小时上班。虽然这场巨大的变动存在着不少的阻力，但是李健熙相信，如果下不了这个决心的话那么振兴三星将永远也不会实现。

三星人从此意识到改革真的开始了，这已经是一个不可更改的事实，而唯一能够做的就是接受。慢慢地，大多数的员工不再像以前那样自由散漫，开始努力地工作，有的员工还利用下班后的空闲时间进修技术、学习外语。这些努力无疑为日后三星集团打入海外市场提供了坚实的基础。在李健熙的带领下，三星集团制定了明确的战略方向，坚定不移地执行战略，变革在不断推进，影响深远。短短几十年的时间，三星掌握核心技术不断提高设计研发水平，迅速地从一只“模仿猫”转变为“太极虎”。

无论在什么时候，凡是那些大有作为的人，对于事情的结果不是“想要”，而是“一定要”，无论在此过程中多么的艰辛都必须要达到。这给了我们很大的启发：当我们下定决心要做一件事情的时候，就应该痛下决心，为达到最后的结果而努力，只有这样才能够超越自己赢得巨大的突破。

不糊弄，认真是执行的灵魂

投机取巧、糊弄工作成了一些不负责任者常见的工作态度。而一个成功的人是不会这样的，因为他们清楚地知道这样做是有百害而无一利的，而且他们也能够摒弃这种消极的做事态度。

亨利和罗伯特是同班同学，两个人大学毕业不久之后，正好赶上英国经济的动荡时期，找了很长时间也没有找到一份合适的工作，于是便降低了工作要求。两个人到同一家公司进行了面试。刚好这家公司正缺少两个打杂的职员，问他们愿不愿意干。亨利想了想，觉得乘这个机会好好锻炼一下自己，不能一直依靠领取救济金生活。所以，亨利便决心干这份工作。

但是罗伯特却看不上这份不起眼的工作，迫于生计最后决定陪亨利在这里干一段时间。罗伯特每天上班的时候总是自由散漫，打扫卫生也是马马虎虎敷衍了事。

老板以为他刚从学校毕业，缺乏锻炼这也是情有可原的事情，而且又正好赶上经济动荡，很同情这个大学生的境遇，便原谅了他。一次、两次都还可以理解，但是时间久了老板自己也看不下去了，最后不到3个月的时间罗伯特便被老板辞退了。

社会上到处都在裁员，哪儿有适合罗伯特的工作呢？罗伯特本身对工作也没有一个正确的态度，所以他不得不依靠社会救济金生活。

相反，亨利每天把办公室走廊、车间、场地都打扫得干干净净。抛弃了自己作为大学生高等学历拥有者的身份，认认真真地做着自己这份来之不易的工作。一年后，老板便安排他给一些高级技工当学徒。因为工作积极、认真勤快，两年后，他便成了老板的助理。而这时的罗伯特刚刚找了一份新的工作，在一家工厂当学徒。

三百六十行，行行出状元。不管做什么工作都应该认认真真地完成，决不能糊弄了事，有付出就必然会有回报。从表面上看，一个人工作是为了公司，在帮老板做事，但其实最终的受益者还是自己。在任何一家公司，只要你认认真真努力地工作，你就会受到尊重，同时也会让你更加受益。

程东是一家大型超市的送货员，每个月的薪水只有1000元。有一天他看见一位顾客买了非常多的物品：水桶、垃圾桶、箩筐、炒锅、碗、盘子等。原来这位顾客过几天就要结婚了，今天是来购买必备的厨房用品和清洁用具的。由于家离得非常近，所以她并没有开车出来。程东看着这些堆放在购物车上的货物，满满的一车，这个20多岁的女顾客看似不能胜任。于是，那位女顾客就找到超市的送货部门，请求帮她把这些东西送到家。

但是，对于那些大客户超市才派人员送货，没有设立为个人客户送货的服务项目。所以，这位顾客的请求被拒绝了。程东得知这位顾客的难处之后，立即向超市保安处借了购物车，帮着这位顾客将货物送到了家。程东觉得这是自己的工作，尽自己最大的努力帮助客人送货是自己应尽的责任，并没有将此事放在心上。

一个月后，公司召开全体职工大会，在会议快要结束的时候，总经理拿出了一封感谢信，信中表达了对超市一位送货员尽心尽力服务、主动热情的感谢，总经理亲自宣读了这封热情洋溢的感谢信，并深深地被这种全心全意为客户服务的精神所感动。读完这封信后，总经理对全体员工说："这封信是我在两周前收到的，一直以来我都在找这位员工，他就是送货部的程东。他的这种精神是我们所有员工学习的榜样。所以公司决定给予程东 2000 元奖金，同时程东也是我们送货部的副经理了。"全场响起了热烈的掌声。程东的事迹激励了全体员工，也为他自己赢得了荣誉。

只有带着责任感去认真工作，你才能真正在工作中找到自己的那份快乐。提高自己能力的最佳方法就是认真地工作。因为你不仅是在为公司工作，同时也是在为自己的未来工作。因此，只有认真工作充满责任感的人才会尽力地做事——执行力也就充分体现出来了。

第八辑
执行毁于懒，赶走惰性不拖延

迟迟不行动，往往是贪图一时的安逸，所以很多时候，拖延是因为懒惰，懒惰更是执行的大敌。懒惰会抹杀人们生活的积极性和勤奋度，人们由于懒惰而放慢了做某件事的速度，而放慢速度就会造成拖延。所以，要想做一个执行力很强的人，就应该克服懒惰。

懒惰是催生拖延的罪魁祸首

心理学家哈里森曾经提出一个理论：有这么一种精神状态，它不按照自己原本的意愿来行事，无论干什么都缺乏意志力，这就是拖延。看起来意志力和拖延好像没有多大的关系，但是事实上，由于自己的意志力薄弱产生了懒惰，由于懒惰产生了拖延，这是一种惰性的积压，慢慢地做任何事情首先会想到拖延，无限制地拖延下去。所以，一个人的惰性是产生拖延的根源之一。

王维星的妈妈死的早，他由爸爸一手带大。王维星在别的方面都还好，就是有点懒，否则做事也不会给上司“今天拖明天，明天拖后天”的坏印象。一个“懒”字真的就概括了他人生的一大特点。平时他不喜欢收拾自己的房间，每次上班的时候都是慌里慌张的，为什么？不想起床，总是坚持到最后一秒钟才开始“迅速变身”，收拾好自己就赶紧上班去了，根本没有时间来整理房间。等到下班回家之后，往床上一趟，什么事情都不想做，收拾房间？等着吧，明天再说，今天懒得动。

门口的鞋子堆在一起看上去乱糟糟的，鞋架上放着公文包，床上的被子堆做一团，枕头上的枕巾在被子里面塞着，晚上喝啤酒剩下的啤酒罐和吃的瓜子皮还在桌子上堆积着，房间里一片狼藉！

这天，王维星的姑妈来看他。结果一进门，转了一圈愣是没有找到坐的地方。王维星很不好意思地挠了挠头，赶紧从床上扯下床单，把所有的东西包在了一起，这才有了坐的地方。姑妈看到了这一系列的动作，有感而发，她说："我决定了，以后给你表妹找对象一定先要问问这个人是不是很懒，爱不爱做家务，如果你表妹以后的对象和你一样屋子里面乱糟糟的，你妹到时候结婚了，还不得累死啊！"王维星很不好意思地笑着说："姑妈，我这两天有点忙，原来打算是明天再收拾房间的，谁知道您今天来了？"姑妈说："你忙啊？你哪一天不忙？从我第一次来看你的时候，你这屋子里面就是这么乱，懒就是懒，还找理由？"这时候的王维星还真是无地自容，谁让姑妈说的都是实话呢？

可能在一开始的时候，王维星真的是打算明天再收拾的，但是等到了第二天因为自己比较懒，就想着再往后拖一天，逐渐懒惰就变成了拖延。他有可能在朋友或者亲戚走了之后，就决定痛改前非，一定要改掉自己懒惰的毛病。但也就是在这几天的时间里他会想着收拾自己的房间，一段时间之后屋子里又恢复了原来的惨状。

也许某种心理因素也会使一个男人变得懒惰，因为有些人感觉男人的房间没有必要那么整洁，因为没事的时候叠叠被子、擦擦桌子、洗洗衣服这些都是女人做的事，自己不需要做这些破事。可是这个时候的他们似乎忘了，生活在这个环境中、住在这里的人是他们自己，不是别人，受益或者受损的最后也都是他们自己。

懒惰可能并不是导致做事拖延的唯一因素，不同的环境、不同的人、不同的原因都会导致人们在做事的时候有不同程度的拖延。维持现状是一种懒得改变的表现，但同时也是做事拖延的象征。

有的时候，拖延表现为一种心理上的厌倦，有的时候则表现为极端的懒散状态，甚至是很轻微的犹豫不决。情绪的表现有很多种，可能是生气、嫉妒和厌恶，这些情绪会让人们在内心的感情上产生一种懒惰的欲望。当这种想法产生之后，人们就没有办法按照自己原来的意愿去做好某件事情，只会按照这种心理暗示继续懒惰下去。

这里说的懒惰有这样的一系列表现：由于自己懒惰的缘故，使得自己不能从事自己喜欢的事，心情总是处在焦虑的边界；不喜欢从事体育活动，一个字还是因为

“懒”，对于自己周围发生的事不是很关注，甚至是漠不关心；不喜欢讲卫生，生活起居没有秩序可言，对自己的要求是“现在挺好的”，不想要去改变，以后的事情以后再说。如果你对上述的症状有一些吻合的话，那么你已经步入了懒惰的大军，是一个有拖延坏习惯的人了。

一个永远勤奋而且乐观主动的人，会得到更多的赞许和认同，甚至是器重；如果一个人的工作状态是消极的、懒惰的、向后无限拖延的，那么得到的就只能是外界给予的差评。懒惰和拖延两者狼狈为奸，因为懒惰而产生的种种消极的情绪，是导致做事拖延的一个原因。

懒惰者是职场最不受欢迎的人

在日常生活中，懒惰的人随处都可以看到。虽然每个人都不愿意听到别人说自己懒，但是或许在不经意间自己就成为懒惰者行列中的一分子。

比如，当你早晨起床后不叠被子，心里想着，“晚上还要睡觉，叠它干吗”？房间里的衣服扔的到处都是，地上到处都是垃圾，简直惨不忍睹。面对这一切你或许可以视而不见，但是等到家里来客人的时候，客人说想要参观一下你的房间，你就会觉得尴尬，红着脸不知所措地胡乱收拾一下，腾出地方让人休息一下，这使你在客人的面前丢尽了颜面。

面对这种尴尬的境地，你发誓以后再也不会这样了。或许这样的状态会保持几天，但是时间一长你又会恢复到原来的状态。于是，由于你的懒惰，你永远只能生活在乱糟糟的环境之中。

假如你克服了惰性，那么你的人生就已经成功了一半。当你克服了惰性，整个人变得勤快起来，勤劳本身就是成功的基础，一个勤劳的人成功的可能性肯定比一个懒惰的人要大得多。

惰性是人的一种天性，但是懒惰只不过是你脑海中一个小小的念头，只要你能够将这个念头克服，那么懒惰自然就会被你从身上驱逐，这时你的行动、实践都将会因为你的勤劳而获得回报。一旦你学会了一项新的技能，就可以利用这项技能提高你的生活质量，而这一提高，就让你有能力主宰自己的人生。既然你已播下良种，又赶走了惰性，那么你就没有理由不会获得你应有的回报，因为你种下了什么样的种子就会开出什么样的花。

大学毕业的艾达在一家公司做打字员，琐碎、枯燥的工作内容使她消磨殆尽了刚进公司时的勤快、认真。

现在，没有文件要打的时候，她就上网聊天、看新闻，同事一拿来文件让她打，她就极不情愿地接过来，还一直发牢骚："哎呀，就这么点东西，自己打不就行了吗，非要拿过来！我干这工作容易吗？你们都指使我，谁愿意干这伺候人的工作呀！"

有时候，她在网上聊得开心，干脆对同事拿来的文件置之不理，好几次都影响到了公司的正常运作，拖延了工作进度。

后来，在公司的例会上，领导介绍了几个新招的职员，其中有一个就是打字员。

艾达在下面高兴地说："终于有人分担我的工作了！"

例会结束后，主任带着新招的打字员来找艾达，让艾达和他交接一下工作。

主任的理由很简单："很多同事反映说你不太愿意干这个伺候人的工作，那你就另谋高就吧。"

艾达当时就傻眼了。

莎士比亚说："我们宁愿重用一个活跃的侏儒，也不要一个贪睡的巨人。"没有哪个上司、老板能容忍懒惰的员工，愿意在公司里养一个闲人。

你要永远记住：多干一点活，你的能力就多增一分，你在老板心中的影响力就会多增一分。

老板可能没看到你长期废寝忘食忙碌工作的身影，但不会对你的进步视而不见。如果公司的事情能推就推、能挡就挡，总以“现在没有时间”“这事我做不了”“这不是我们部门的事”“下次再说吧”来应付推托、得过且过，这样会伤害你的上司，而受伤害最深的其实是你自己。等到领导对你忍无可忍，等到你被炒了鱿鱼，你还能享受少干工作所带来的轻松快乐吗?

一家公司的老板要在一个国际性的商务会议上发表演讲。而陪同他的几名要员忙得晕头转向，需要将各种演讲的材料都准备得非常妥当。

老板出国的那天早晨，各部门主管也来送机。有人问其中一个部门主管：“你负责的文件打好了没有?”

对方睁着惺松睡眼道：“昨晚实在太累了，我熬不住睡去了。反正我负责的文件是以英文撰写的，老板又看不懂英文，在飞机上不可能先读一遍。等他上飞机后，我回公司把文件打好，再以电讯传过去就可以了。”

这时老板来到身前，第一件事就问这位主管：“你负责预备的文件和数据准备好了没有?”这位主管按他的想法回答了老板。老板听到后，脸色立即就变了：“怎么还没有准备?我还准备利用在飞机上的时间与人讨论一下自己的报告和数据，知道因为你的疏忽将浪费多少宝贵的时间吗？”这位主管脸色一片惨白。

老板永远都不能容忍懒惰、拖沓的员工，请记住：任何时候都不要自作聪明地设计老板的计划，期望自己工作的完成期限可以按照你的计划而后延。

有些人会谨记勤奋的重要性，他们明白，一分钟的懒惰可能会葬送掉一年的勤奋。是勤奋还是拖延，这在很大程度上反映了一个人精神控制力的强弱。如果你屈从于拖延的坏习惯，那你就被打败了。因为拖延懈怠、贪图安逸会使人堕落，会阻碍你事业的前进。而只有以勤奋的态度全身心投入，充满热情踏踏实实地工作，才能取得事业的成功。行动起来，与拖延斗争，与勤奋为伴，生命才能积极向上，事业之花才会开得更加绚丽。

克服了懒惰，战胜拖延就成功了一半

懒惰和拖延常常是狼狈为奸的，两者经常会把你的生活搞成一团乱麻，毫无头绪。战胜拖延本身就是一场持久战，要去战胜久经岁月而沉淀下来的一种很不好的习惯，并非是一朝一夕就可以做到的。所以，在战胜拖延之前一定要做好心理准备，不能因为在短期内看不到效果就放弃。

有一只青蛙，它住在路边。有一天，它又开始了每一天必须要进行的工作，在大路上晒太阳。突然，它听到有同伴在叫它：“嘿，老兄，老兄，你听到我的话了吗？”

它懒洋洋地睁开自己的眼睛，才发现喊它的是住在田地里的青蛙，它正在手舞足蹈地和自己打招呼，嘴里说着：“你在那里睡觉实在是太危险了，搬过来和我一起住吧！这里不仅凉快，每一天都有虫子吃，不用担心温饱问题，而且这里特别的安全。”住在田里的青蛙非常热情地邀请路边的青蛙。

可是，住在路边的青蛙却表现出一副很不耐烦的态度，它非常讨厌别人对它的生活指指点点，尽管它知道别人是为它着想，可是内心里还是不喜欢。它就和对方说：“我在这里已经习惯了，懒得搬过来搬过去，太麻烦了，这里也很安全，而且也有虫子吃，没有必要非搬到田里去。”

住在田里的青蛙摇了摇头，无可奈何地走了。几天之后，住在田里的青蛙放心不下住在路边的青蛙，决定到路上去看看它，不幸的是，它发现住在路边的青蛙已经被车轧死了。

很多人在看到这个寓言故事之后，首先想到的就是自己，如果自己再这样懒惰下去，是不是也会和住在路边的青蛙一样难逃厄运呢？大多数人都感觉自己已经懒惰习惯了，突然间改变自己会很难适应，而且在短期内就得到成效也是很不现实的。但是一想到自己因为懒惰而引起的种种麻烦和后果，就感觉十分苦恼，于是就想下定决心去改掉懒惰的毛病。

拖延看起来和懒惰没有什么关系，但其实拖延的产生和懒惰是有一定关系的。戒掉了懒惰，拖延就已经成功了一大半。

拖延和懒惰互为帮凶，成为了不能按时完成工作的两大杀手。懒惰的人其实心里形成了一种惯性，他们喜欢做事情“得过且过”“做一天和尚敲一天钟”，对于自己的工作不会有“今天的工作一定要有新的突破”这种要求，这是一种典型的“混一天是一天”的心态，过着比较散漫的日子。

相关人员对意大利居民的懒惰情况做了调查。调查显示：在意大利国民当中大概有一半的人属于懒虫，这些人平时不参加任何锻炼，不参与劳动，所以身体健康指数比较低。“在这些人中，大概有35%的男性和45%

的女性属于久坐不动型的。”同意大利的懒虫比例相比，英国人的懒惰情况更胜一筹。英国最大的健康慈善团体纳菲尔德健康机构的调查数据表明：在家看电视的时候，有15%的英国人宁肯忍受着电视里演着比较无趣的电视节目，也不愿意拿起手中的遥控器去换个频道；超过一半的英国人表示，他们下班后懒得出门散步，更别说是带着心爱的宠物逛街了；还有36%的人宁愿眼睁睁地看着公交车开走，也懒得去追；59%的人表示自己懒得走楼梯，尽管自己的办公室就在二层；64%的父母表示，自己的工作太忙，懒得抽出时间陪孩子们玩，这样家庭里的孩子在学龄前因为缺乏锻炼和运动，逐渐都成了“小胖子”。而英国人逐渐变懒的原因除了因为自己的工作比较忙碌之外，更多的是过分依赖于便捷的设施设备、网络购物，经常性地使用遥控装置，不去亲身经历，这些都是导致英国人越来越懒的原因。

澳大利亚的健康保险公司也对懒惰导致的身体疾病进行了相关的研究。研究报告指出，澳大利亚人77%的上班时间都是在自己的办公椅上度过的，另外23%的时间只不过是进行了一些比较低强度的运动，对于保持身体健康起不到作用，这些运动类似于起身复印文件、查资料或者是到餐厅吃饭。

由此可见，懒惰就像是一场风暴，是我们常说的隐形瘟疫，其后果很严重。我们可以自欺欺人地认为自己在偷懒，享受着偷懒之后的愉悦心情，但是事实上我们受到的伤害是任何人都无法代替的。

懒惰人往往人际关系并不如表面上那么好，这就像是明明自己犯的错误，却要别人替你承担错误一样。办公室里经常进行轮流值日，到了该自己值日的时候，却因为懒惰的缘故不去做，最终同事看不下去了，帮你做了这件事。你事后装作恍然大悟终于记起了这件事，然后就向别人表示“真是太感谢了，下次该你值日的时候我做就行了”，但是事实上等到了第二次的时候你会继续装聋作哑，久而久之，也就没有人愿意帮你做这件事了。现在我们所处的社会比较讲究效率，每个人都在努力前行，而你的懒惰只会拖延你成功的脚步，长久下去，愿意和你同行的人就会变得越来越少。

摒弃“维持现状”的懒人思想

人都是有惰性的，你也许会想：做完这件事，还有另外一件事，所有自己要做的事情都是没完没了的，什么时候才能做完？很可能你现在所处的环境很安逸、很舒适，这样的环境让你产生懒惰的想法也是比较正常的。但是你们需要做的却是摆脱这种安逸的环境，摒弃眼前的这种现状。

苏珊一直都被亲友同事称为“拖拉大神”，因为她做事实在太能拖了。周三，苏珊原本和妈妈说好了回家吃饭，结果却赖在办公室上网到晚上7点多，直到最后实在不想动了，就放了妈妈的“鸽子”。

周日晚上，苏珊发现本该在周五写的计划却还没有写，而这个计划下周一上班时必须要交。她纠结了半天，终于坐到了电脑前，可一打开电脑她就忍不住上网，一会刷微博，一会儿聊QQ，结果不知不觉一下到了零点，最后不得不打着哈欠熬夜到凌晨3点才弄完。

苏珊爱漂亮，希望自己能有好身材，也知道运动减肥对自己有好处。然而，她的拖延症总是让她很难自觉地去做运动。于是，她找了一位闺蜜来督促自己，不过闺蜜的监督对她的拖延起不了一点作用。

为什么拖延症患者不会主动去做一些对自己有益的事情呢？因为每个人都愿意处在一个安逸的状态里，不愿意去改变，即使自己知道现在的选择不是最好的。

这是我们在生活中经常见到的，并不难去验证。回忆一下，当你意识到该去做某件事的时候，你有了拖延的想法，然后你就开始拖延。而当你拖延时，你一般都在做什么呢？答案是，你一屁股坐在沙发上一动不动。久坐不动的坏处，我们应该都有所了解。多年前，欧洲的医学专家就发现，人类的慢性疾病与久坐不动有关，而9%的慢性疾病与吸烟有关，也就是说“沙发猛于烟”。

为什么你迟迟不能踏出第一步？这是你强烈地维持现状的心理在作怪。你不想从现在惬意的状态里走出来。举个经常发生在拖延症患者身上的例子。你现在正坐在沙发上看电视剧，但你有一项明天必须要交的策划文案，需要你到办公桌前开始工作，可你就是不想起身。为什么呢？原因就是，你完全沉浸在安逸的“惬意”中了。现在这么舒服，为什么要去做那些痛苦的事情呢？你的潜意识里越是这么想，你越是懒得动。这时，我们应该怎么做呢？让你直接从电视机前站起来去工作，你肯定不愿意，甚至会有逆反心理。如果是这样，你应该试着“扔掉舒适度”。

我们知道，做到从“关掉电视”，到“开始投入工作”这两个动作，需要很大的心理跨度，对拖延症患者来说这是难以做到的。这时应该先关掉电视，不要去想你接下来做什么，脑海中也别有“要工作了，关掉电视吧”这样的想法，更不要有马上要做痛苦的事情这种念头。如果被这种消极思维占据，你就怎么也不想动了。现在，要把你的思维都集中在“关掉电视”这个动作上。其他的想法都抛掉。关掉电视，从舒适、快乐的状态中摆脱出来，离开椅子，把自己置于一个中立的位置，你才能做接下来的事情。当然，接下来绝对不应该是“打开电视”。

大多数人是总沉溺于“现状”，逃避“现状之外”的事情，因而不可能去改变，所以在维持现状的状态下去循序渐进地改变。这是因为不少人做一件事都是凭着冲动，希望一鼓作气完成它。但是，这在现实生活中并无效果，尤其是对一些需要日积月累的事情。一些人失败之后，反而会更加依赖现状，就好比减肥失败后大吃特吃一样。

想要做出一些改变是可以的，但要讲方法。你讨厌出外跑步，可以先尝试离开椅子，去外面走走。当去外面走走成为习惯，慢慢接受跑步这个观念，就能一点点改变现在的生活或工作方式。

有人说“江山易改，本性难移”，说自己没有办法改掉这种习惯是正常的。但是，我们都忽略了拖延和懒惰并不是先天的。这就像是自己收藏的古董在市场上终于有了一个买主，对方每次来买的时候你都不想卖，总想着这东西存放的时间越长越值钱，而且买主每次来的时候都会加价。可等到突然有一天市场上这样的古董价格下跌了，你就会后悔自己当初如果早就把这古董卖了，现在也就不会这么亏了。

人人都有贪图安逸的思想，这也是拖延的根源之一，要想提高执行力，就要学会从安逸的现状中解脱出来，进入“勤于执行”的工作模式，这样，你就能摆脱拖延症。

远离身边那些懒散的人

想要战胜拖延，克服懒惰，并不只是用口头上的语言来表达自己的这种意愿，而是需要落实到真正的实践活动中，这并不是一朝一夕就能做到的。解决一个问题，归根到底要先找到产生它的根源。有人说：“懒惰是传染病，只要你的身边有一个懒人，很快就会出现第二个，逐渐增加，慢慢变多。”这句话说的比较有道理，因为懒惰和瘟疫、病毒是一个性质的，它会从这个人的身上蔓延到一群人的身上。

罗宾斯曾说："我们会花很多的时间去关注那些偷懒的同事，而不去把自己的注意力放在自己的工作上。"的确，身边有了懒人的话，我们会浪费很多的时何在他们的身上，去模仿去学习，这样自己就会感觉内心瞬间平衡了很多。否则的话，内心就会有一种不平衡：凭什么我要做这么多的事，而别人只要做一点事，我也要学会偷懒。

很多人会说，自己以前没有这么懒，都是上大学后被宿舍的舍友给带坏了。上大学的时候，一个宿舍一般是6个人，因为从"军事化"般的高中解脱出来了，大家就感觉自己又重新活了一把，一定要去享受这美好的人生。

本来杨于强是个生活很有规律的人，每天早上6：30准时起床，但上大学后，每天早上其他的人都睡得和死猪一样，楼道里很清静，于是他也学会了赖在床上，玩会儿手机、听听歌，反正就是不起床。就这样，一直拖到了7：30他才慌里慌张地起床洗漱，等到了教室之后，他发现还有很多人没到，然后他就总结出了一个道理：其实7：30起床还是早的，应该在7：40再起床的，这个时候到教室刚好赶着点儿，既不会迟到又可以再多睡一会儿。嗯，以后就定在7：40起床。

以前杨于强很喜欢收拾房间，因为以前在家里就他自己住一个房间，收拾起来也感觉很快，而且自己制造的垃圾也不多，基本上没有什么值得收拾的，最多也就是洗洗衣服扫扫地，其他的就没有了。可等到他上大学的时候，同宿舍里住了几个“纯爷们”，为了彰显自己的男子汉气概，慢慢地就学会换下来的衣服不立刻去洗，反而把所有要洗的衣服攒到一起，等攒够自动洗衣机洗上一桶的时候再去用洗衣机洗，还美其名曰省钱又省力！

等到上班之后，杨于强在刚开始的时候也是比较勤快的，老板说让他做点什么事，他跑得那叫一个快，工作的时候态度也是特别的严谨，不看网页，不挂QQ，不聊天，不上淘宝。可是后来杨于强发现，自己真的是愚钝了。有一次给同事递文件，一不留意，他发现同事的电脑桌面上还停留在聊天的界面，人家聊天那叫一个不亦乐乎，随后他也学会了：你聊天我也聊天。

之后杨于强又发现，负责跑业务的同事大多会利用外出的时间喝个咖啡，打个电话。慢慢地，杨于强也学会了在工作中偷懒，之后就一发不可收拾，养成了自己懒惰和拖延的“好习惯”。每次想起来的时候，他总会感叹，当初如果没有学别人，自己现在肯定还是一个良好青年。

为什么身边的这些懒人会对自己造成这么大的影响呢？原因正是我们喜欢把自己的注意力放在他们的身上，根本没有在自己的工作上下工夫。只看到别人在工作的时候处于一种没事的状态，刷刷微博，聊聊天。可是有没有想过，他们有可能是已经做完了自己的工作，才去做这些消遣活动的。如果这个时候你去学他们，自己的工作不做了，开始了纯娱乐性质的消遣，那么等待你的可能就是“安排的工作没有做完，就准备晚上加班吧”。

不要把注意力放在这些人的身上，这样会让你在工作的时候变得更加浮躁。你也许会想“凭什么别人可以聊天，自己却要工作”，这样在自己的内心里就会有一种想要去模仿的冲动。但是如果你把自己的注意力从他们的身上转移出去的话，这个时候就会感觉每当自己完成一项任务时就会有一种成就感。因为在你完成任务的时候，可能别人就在加班。

当然，我们不应该和那些“懒人”去计较一些事情，这样会打击我们做事的积极性。拿家里最常见的事情来说，加班晚回家的妻子在刚进家门的时候，就看到丈夫在沙发上跷着二郎腿看电视，桌子上扔着水果皮和坚果壳，这个时候妻子就会觉得内心极度的不平衡，凭什么自己加班回家之后还要打扫卫生，还要做饭，丈夫就不能收拾吗？这样一想的话，夫妻之间很容易就开战了。这时很容易产生一种“你不做，我也不做，你懒，我更懒”的心理。

我们不要轻易就被懒人的言语和行为给“诱惑”了，事情拖到了最后总是需要解决的，如果被这样的人诱惑了，那么到了最后一刻你一定会明白所有事情积攒到一起的紧张感。更不能让这些懒人挡住了自己成功的道路，有很多的懒人都有这种心态，当自己做不完工作的时候就会向别人请求帮助，希望有人能够替自己完成。如何避免这种情况发生呢？这就需要团队进行明确分工，每个人负责一个环节，这样他就很难把自己的工作交给别人来帮忙做了。我们要牢记“近墨者黑”，远离这些懒散的小伙伴，防止自己被传染！

第九辑
保持自驱力，消除工作倦怠期

能不能及时完成工作，戒除工作中拖延的恶习，往往取决于身体状态和精神状态。当我们精神饱满地投入工作时，拖延的可能性相对较小。所以，当我们倦怠的时候，要学会自我调节，让自己保持强大的自驱力，这样，才不至于懒于执行而拖延。

合理地调节自己的工作与休息

对于休息和工作，不同的人有不同的看法。有些人认为，时间很宝贵，为了在工作上获得更高的成就，应该争分夺秒地工作；而有的人却认为，会休息才会工作，休息与工作应该合理安排。

持有前一种观点的人，在工作上非常努力，人们经常把这一类人称为工作狂。而持有后一种观点的人，会分配一些时间在休息和娱乐上。他们认为，过度的工作不但会对身体健康造成不良影响，还会对工作产生消极影响，使工作效率降低，决策发生失误等。因此，他们认为与其因为过度工作对身体造成负担而妨碍下一步工作，还不如调节好工作和休息时间，保持自己的身体健康，也让自己更有效地工作。

心理学家在研究人们的自我控制和休息之间的关系时发现，自我控制过度导致的意志力耗竭状态会造成个体智力水平暂时下降，认知任务的完成质量降低。因此，心理学家建议人们合理地调节自己的工作与休息。

在对自我控制的研究中，心理学家发现意志力会在自我控制过程中逐渐被消耗。所以，当个体在完成一些需要自我控制的任务之后，意志力就会处于一种耗竭状态。当个体意志力处于耗竭状态时，个体对自己各方面的控制力会下降，在很多方面的表现都会变差。在近期的研究中，心理学家发现，自我控制过度时，个体的智力表现也会变差。

2003年，哈佛大学的心理学家迈歇尔发表了一项他的研究结果，指出当个体的意志力资源耗竭时，个体的认知加工能力下降，显示出的智力水平会降低。

实验者先是招募了一些被试者，并将他们随机分成两组：实验组和控制组。然后，实验者要求实验组的被试者完成一些会消耗意志力资源的自我控制任务。而控制组则没有。实验者的目的在于让实验组的被试者在参加下一个任务的时候，意志力处于耗竭状态，而控制组被试者则处于正常状态。

当实验组被试者完成自我控制任务之后，实验者让被试者完成13道从CRE测试（美国研究生入学考试）中抽取的解析题。实验者告诉被试者，他们完成题目的时间只有10分钟。假如10分钟之后，被试者依然没有完成题目，那么实验者将强行结束任务。

最后，实验者对两组被试者的解答进行评分，并进行时比。结果，实验者发现，相对于控制组的被试者，实验组的被试者答题的正确率明显偏低；意志力处于耗竭状态的被试者的答题正确率低于意志力处于正常状态的被试者。

根据实验结果，实验者得出：意志力的耗竭，会导致个体认知任务的完成质量明显下降。

心理学家对实验进行分析，认为意志力的耗竭会使个体显示出来的智力成绩水平下降，从而导致个体在完成对智力有要求的任务时，任务的完成质量降低。

从实验的结论和心理学家的观点来看，当意志力处于耗竭状态的时候，是不适合进行认知任务的。在学习或者工作中，常常需要个体用意志力控制自己抵制某些欲望（比如休闲欲、交往欲、睡眠欲等），拒绝诱惑，控制自己坚持学习与工作。因此，学习和工作不仅仅是一个消耗体力的过程，也是一个自我控制的过程。

从上述实验可以知道，当个体的意志力耗竭时，个体认知任务的完成质量就会下降。而学习和工作一般都是与智力相关的认知活动。因此，当学习或工作过度时，其效率一般也会下降。由此可知，当意志力耗竭时，我们不应该再继续完成某些和智力相关的任务，而应该适当地休息，使自己的状态尽快得到恢复。

首先，应该合理安排工作和休息的时间，这样可以避免自己陷入意志力耗竭状态。其次，应该合理安排工作任务，不要将重要的认知任务放在意志力耗竭时进行。可以先将一些难度比较大、比较重要的工作任务安排在状态好的时候进行。然后再将剩下的工作任务，按照紧急和重要性安排在剩余的时间里进行。这样，不但可以调节自己的工作状态，还可以在有限的时间内，把事情做得更好，执行力自然就提高了。

要执行力，就必须改掉一些坏习惯

阻碍一个人执行的往往是很多坏习惯：早晨赖床的习惯会让一个人上班迟到；爱找借口的习惯会让工作拖到最后；不珍惜时间的习惯会让人工作效率低下……总之，那些坏习惯会毁了一个人的执行力。

在工作中，有四种坏习惯最可怕，它们会让一个人患上工作拖延症。如果你能够加以克服，不仅会使你的工作变得生动有趣，而且还可以提高你的工作效率。四种坏习惯如下所述：

第一种工作上的坏习惯：公办桌上杂乱无章，严重影响解决问题的效率。

你的办公桌上是个什么样的情景？是不是杂乱无章地堆满了各种信件、报告和备忘录？当你看到自己乱糟糟的桌子时，你是不是会紧张地在想：我还有什么工作没有完成，怎么看起来我有这么多没有完成的工作！你是不是会因此而感到焦虑，觉得工作如此繁重，从而对工作产生了厌倦？著名的心理治疗家威廉·桑德尔博士就遇到过这样的病人。

这位病人是芝加哥一家公司的高级主管。他刚到桑德尔博士的诊所时，看上去满脸的焦虑。他告诉桑德尔博士自己的工作压力实在是太重了，每天总有做不完的事情，但是无可奈何的是又不能够辞职。桑德尔博士听完他的一席话之后，指着自己的办公桌说："看看我的桌子，你发现了什么？"这位主管顺着桑德尔博士手指位置看去回答道："比起我的办公桌，你的实在是太干净了。"桑德尔博士听了他的话微微笑道："是啊，这样干净是因为我总是在第一时间将工作处理完，这样一来我的桌子上就不会有太多的工作啦，你可以试一试我的方法。"

那位主管一脸疑惑地看着桑德尔博士。过了3个月之后，桑德尔接到了那位主管的电话。在电话里那位主管非常高兴，他对桑德尔博士说他的方法简直太神奇了，现在他看到自己的桌子再也没有像以前那么大的压力了。"现在我的桌子也和你的一样干净了。"就这样桑德尔博士治愈了这个高级主管的焦虑症。

著名诗人波布曾写过这样的话："秩序，乃是天国的第一条法则。"芝加哥西北铁路公司的董事长罗南·威廉士说："我把处理桌子上堆积如山的文件称为料理家务。如果你能把办公桌收拾得井井有条，你将会发现工作其实很简单。而这也是提高工作效率的第一步。"

看看自己的办公桌，如果文件堆积如山，那就开始清理它吧。

第二种工作上的坏习惯：工作中分不清事情的轻重缓急。

著名企业家亨瑞·杜哈提说，如果一个人同时具备了他心中的两种才能的话，不论开出多少薪水，他都愿意。这两种才能是：第一，善于思考；第二，能够分清事情的轻重缓急，并据此做好工作计划和安排。

查尔斯·鲁克曼在12年之内，从一个默默无闻的人，一跃成为公司的董事长。他说这都归功于他具有的两种能力。第一，善于思考；第二，能按事情的重要程度安排做事的先后顺序。查尔斯·鲁克曼说："我每天都会在早晨5点钟起床，因为此刻正是思维活跃、清晰的时候。在这个时候，我可以就我近期的工作进行一些规划，排出事情的重要程度，以便安排自己的工作。"

第三种工作上的坏习惯：不能果断处理问题，导致问题总是处于悬而未决的状态。

霍华德先生说，在他担任美国钢铁公司董事期间，董事们总要开很长时间的会议。因为，会议期间要讨论很多议题，但是大部分议题却无法达成共识。其结果是，工作效率无法提高，而董事们的工作量却十分繁重，每位董事都要抱上一大堆报表回家继续工作。

针对这种毫无效率的工作方式，霍华德先生向董事会提出了自己的建议：每次开会只讨论一个问题，而且必须做出最后的定论。霍华德说，虽然这个做法也有其弊端，但是总比悬而未决，一直拖延来得要好。最终，董事会采纳了他的建议。霍华德先生说，很快，这种方式就体现出了自己的优势。他们很快就把那些积累了很长时间的问题解决了，董事们干起活来也觉得轻松了许多，不必再把家庭作为自己的第二工作场所了。

不得不说，这确实是一个提高工作效率的好方法，值得你我借鉴。

第四种工作上的坏习惯：喜欢大包大揽，不相信自己的部下或者同事。

很多人都有这种工作习惯，所有事都喜欢亲力亲为。结果，他们总是被那些琐碎的事情纠缠得筋疲力尽，无法享受自己辛苦打拼来的幸福生活。这种现象在很多领域都普遍存在。人们总是不放心其他人，担心那些人会把事情搞砸。于是，他们不得不不厌其烦地处理那些在工作中出现的细微事情。喜欢大包大揽的人，始终处于一种紧张的、焦虑的生活之中。

然而，要试着相信他人，将自己手中的工作分一部分交给他人来完成，对于一个责任感太重的人来说也是不容易的。如果一个人没有能力承担你所交给他的工作，那么必将会影响到你的相关工作，进而损害你的声誉。可是，如果我们要摆脱终日紧张的工作状态，就必须要学会分权，学会量才而用。将那些无关大局的琐碎工作交给他人，你不仅会提高自己的工作效率，还会真正体会到工作的乐趣。试一试吧！

上面列出了在工作中容易养成的四个坏习惯。在告别拖延症、提升执行力时，请检查一下自己在工作中是否正在犯上述的错误。如果有，请马上改正，这样，你就会远离拖延症！

战胜“黑色星期一”

星期一会给人带来两种负面的心理：一是，今天是星期一，还早，事情到周三做不迟——拖延因此就产生了；第二，星期一成为了上班族最怕面对的一天，因为才星期一，繁重的工作才开始，这会让人不由自主地感觉到心情抑郁，做事缺乏激情，拖延也会就此产生。其实，星期一所造成的心理效应并不仅仅局限于这一天，在星期日的傍晚，很多上班族就已经开始感觉到心情沉重，因为他们知道，自己马上要面对“黑色星期一”了。

在两种心理的影响下，星期一往往工作效率不高，而这也会进一步加重人忧郁、烦躁不安的情绪。那么如何才能在星期一保持一个轻松的心情呢？这就要求我们在告别拖延症、提升执行力时，学会充分利用周末休闲的时光，以此来调节自己的生活与工作的关系。

首先，要充分利用好星期五晚上的时间。

星期五是一周工作日的最后一天。当下班之后，人们摆脱了一周繁琐的工作，内心会顿时感到轻松许多，因为此刻再也不用为明天的工作而烦恼了。放松的心情是一个人进行休闲活动的必备条件，因此这一天晚上的时间是极其宝贵的。如果我们从星期五晚上就开始自己的休闲计划，那么必将大大延长周末休闲的时间，提高周末休闲的质量。

至于如何开展自己的休闲活动，则因人而异。有些人喜欢在星期五晚上约上自己的朋友吃饭；有些人喜欢在星期五的晚上看电影；有些人喜欢回到家中静静地读上几遍放松心情的文章；有些人则喜欢尽早回到家中与家人团聚。不管休闲的方式如何，目的都是要放松这一周以来的疲惫身心。但是，在这里，我们要提醒一些朋友注意的是：星期五晚上切不可休闲过度，也就是说，我们不可以将自己的精力完全在这一晚上释放出去，因为我们还要考虑接下来的星期六、星期天。如果在星期五的晚上太过放纵，那么势必导致星期六的时间被白白地浪费。因为，在星期五晚上的放纵之后，你需要时间来恢复自己的精力。因而，我们必须合理地安排星期五晚上的休闲活动，做到适度地放松。

其次，将一些需要耗费体能的休闲活动放在星期六。

星期六是一个周末的开端。对于我们来说，这一天适合进行耗费体能的活动。因为，如果我们把这些活动放在星期天的话，那么我们将会带着疲惫的身体面对星期一的工作。而这无疑会加重我们星期一时的忧郁心情。所以，星期六我们可以从事一些体育运动。比如，篮球、羽毛球、网球等。对于上班族来说，经常性的体育锻炼是十分必要的。强健的身体带来敏捷的思维，这不仅可以提高我们的工作效率，还有助于改善我们的情绪。

除了激烈的体育运动，我们也可以进行一些舒缓的休闲运动，比如远足。远足对于人们来说，是一次重归自然的休闲活动。当我们挎着背包，远离城市的喧嚣时，我们内心深处会油然而生一种恬静而又略带兴奋的心情。由于远离城市熙攘的人群，远足可以让我们一时忘掉城市生活中激烈的竞争，而沉浸在完全的自我放松之中。在这里，目力所及的只有郊外的自然风光，而不会有激烈竞争之下人们扭曲的面孔。自然，压力也是随风而逝。此外，空旷、辽远的自然景观也会使我们不由自主地打开过度保护的内心，充分地享受与他人交流、合作的畅快。

总之，我们应尽可能地将耗费体力的休闲活动安排在星期六。

最后，在星期天充分地放松自己的身心。

星期天是休养生息的日子。在这一天，我们要从事一些最能放松自己身心的活动。比如，看一本小说，看一部电影，修理一下自己的头发，或者约朋友一起聚餐等。

经过一天放松身心的活动，我们就来到了星期天的晚上。这个时刻，我们可能会感到内心一阵的恐慌。因为，我们已经意识到马上要面对星期一了。此时，休闲活动对我们来说已经不能解除此时的恐慌心理，反而这种心理会逐渐占据上风，扰乱我们的休闲活动。那么，我们该如何度过星期天晚上的时间呢？

如果我们因为星期一的到来而开始心情抑郁的话，那么我们索性就把星期天的晚上作为一周工作的开始。在这个时间段，不必去做具体的工作，只用来规划一下下一周的工作。经过对下一周，或者接下来一个月的工作规划，我们脑海中就会自然浮现出清晰的工作思路。那么，从星期一早上开始，我们就可以马上投入到一周的工作之中，以最高的效率完成自己的工作。

经过对周末休闲时间的充分安排，我们不仅可以尽情地享受休闲所带来的美好生活，还可以很有效地克服“星期一忧郁症”。不妨改变一下自己之前的时间观念，按照上面提供的方法试验一下，或许你就不再惧怕星期一。

向拉瑞·埃利森学减压

压力无所不在，就像无孔不入的空气，已成为人们执行的情感障碍！然而，这却是每个人都无法逃避的现实，假如你不会化解它，那么，它带给你的危害将会是致命的！它不但会令你工作效率低下，而且更主要的是，你会觉得心情郁闷、焦虑、心事重重甚至沮丧不堪。我们经常会听到这样的抱怨：

"好累呀！一天到晚腰都快累断了！"

"烦死了，对着乏味的工作一点儿兴趣都没有！"

"唉，这样的苦日子真不知何时是个头！"

……

看看那些执行力超强的人，他们的工作同样紧张而又繁忙，但他们却会很好地缓和劳累的神经，让自我的身心在最大程度上得到松弛，能够在愉快的氛围中将压力轻松化解掉；他们每天上班来时，总是带着阳光一般灿烂的笑脸和令人羡慕的充沛精力！

是的，每个人在面对工作时，要想尽力保持绝对清醒的头脑，要想让自己的智慧最大限度地得以发挥，少给或不给自己的工作留下遗憾，就必须尽量让自己的身心处于一种绝对松弛的状态中。那么，我们该如何清除压力呢？

甲骨文公司的创始人及现任总裁拉瑞·埃利森说：“我以前是个很糟糕的‘烦恼大师’。不过，现在可不是了。”他在讲述他这一变化的原因时，总会说到这么一段亲身经历：

“曾经，我有过这样一次经历，它使得我在工作中的烦恼全部都消失——我希望能永远如此。有了那一次的经历，今后所有的烦恼对我来说都将会变得微不足道。”

在很久以前，拉瑞一直希望自己有机会能在阿拉斯加的一艘渔船上工作一个夏天，于是他就找了一份在阿拉斯加科地亚克的一艘32尺长的鲑鱼拖网船上的工作。在这艘船上有一个船长、副船长、3名船员，剩下的都是一些日常打杂的水手，通常是北欧人，而拉瑞正是北欧人。他所做的工作是所有人都不愿意干的活——洗甲板、保养机器。由于鲑鱼拖网必须配合潮汐进行，所以有的时候会连续干两个星期，尽管小船舱里马达的热气和恶臭令他作呕，但他还要修船，然后再去制作罐头。

他常常穿着一双长筒胶鞋，但是鞋里面总是湿湿的，有时候双脚便在这鞋里泡上一天。然而，上面所提到的工作跟他主要的工作相比较真的不算什么。“拉网”是他主要的工作。

这个工作说起来非常简单，只要站在船尾把渔网的浮标和边线拉上来就可以了。但是，事实上这网非常重，要想把它拉上来就得使上全身的力气，处理不好的话就会将船本身拉下去了。他这样做了好几个星期，几乎干到最后手脚都不听使唤了。他全身痛得很厉害，而且一连痛了好几个月。

当他终于有时间休息了，便睡在一个临时搭成的柜子上盖着潮湿的被褥，虽然他的身上疼的非常厉害，但是劳累了好几个月的他却睡得非常香，现在任何事情都没有让他睡觉来的更实在。

尽管这里的条件非常的艰辛，工作也十分的辛苦，但他还是非常庆幸他能够有如此宝贵的经验，因为它们使他懂得了看似艰苦的、熬不过的事情最后还是挺过来了，并且从中学会了很多。直到现在，一旦遭遇了困难，他就经常反问自己："拉瑞，这会比拖网更辛苦吗？"他总是回答自己说："不，没有比拉网更辛苦的事情了！"

于是，他便重新振作起来，勇敢地接受挑战。拉瑞认为偶尔有一次这样的经历并不是一件坏事情，如果一个人将世界上最艰苦的事情都完成了的话，那么今后无论遇到什么问题，就会因微不足道而轻易化解了！

"事实也确实如此，想想你之前所经历的那段最艰苦的日子，然后再与你面前的困境比较，这时你就会明白与以前的事情相比，这些都不算什么！

“此外，养成在早晨向遇见你的每个熟人热情打招呼的习惯，会帮助你缓解压力。当你在和别人打招呼的时候会从你的内心获得快乐，同时这些问候和致意也给了别人一整天勤奋工作的巨大动力，向电梯的操作员问候，向给你加油的加油站服务人员问候，向清扫楼道的勤杂工问候，他们都是做着重要工作的人，而他们也会由于你的热情而获得一些额外的快乐！

“这时你或许在想：每天早上总是起不来，然后慌慌忙忙地到公司哪有愉快的心情和别人打招呼呢？”其实在一开始的时候我也是这样想的，但是学会早起涉及到一个人的习惯问题，有人说过养成一个习惯需要20天的时间，那为何不从今天开始养成这个有利于自己和他人的习惯呢？或许在一开始的时候有一些代价你得付出，但是一旦你养成这个习惯，你就会受益无穷。渐渐地你就会发现早晨是你一天之中最快乐和最有意义的时间。

“当我在早上6：30到达我的办公地点之后，我就会关上办公室的房门，打开一盏灯独自享受这“虔信的时刻”，只有这样我才得以拥有完全的隐私和适合于沉思的柔和而温暖的气氛。一旦准备工作就绪，我便以下面的方式开始：

“我坐在一张舒服的椅子上，听着放松的音乐，将我的头向后斜仰，控制我思想的方向，让我的整个身心完全处于放松的状态，我的思想中我同我的身体的每一个部分交谈，从我的脚趾开始：

我的大脑被完全放松，

我的面颊被完全放松，

我的脖子被完全放松，

我的手臂被完全放松，

我的手被完全放松，

我的脚被完全放松，

我的腿被完全放松，

我的髋部被完全放松，

我的胃部被完全放松，

我的胸部被完全放松，

我的心脏被完全放松。

“我的整个身体现在已经被完全放松，做好了沉思的准备——完全被放松了。我已经准备好面临新的挑战充满信心地迎接新的一天！”

拖延和一个人的情绪不好有很大的关系。压力越大，做事的效果就会越差，人只有在轻松的状态下才能更好地完成工作。人没有压力、心态轻松，懒惰、压抑、精神颓废等这些引起拖延的因素往往会无所依托，人做事的执行力自然就提高了。

无可挑剔地对待工作

任何工作都没有高低贵贱之分，只是人们习惯性地用主观上的态度去对待不同的工作，比如一些个人色彩。于是就有人将工作分为好与坏；或者是不体面的工作和体面地的工作。大多数人认为工资高的工作或者是公务员都是非常体面的工作；而一般工资比较低的则不那么体面，甚至是很丢人的！

如果每个人都只是过于追求好的工作，那么不好的工作就没有人去做了？这样的话是非常危险的。它表明这个民族的独立精神已经枯竭；甚至会使整个民族像奴隶一般生活。

我们每个人都应该尊重自己所从事的职业，如果认为劳动是卑贱的，那就大错特错了。就在罗马帝国不可一世之际，罗马一位著名演说家说："所有手工劳动都是卑贱的职业。"从此，罗马的辉煌就成了过眼云烟。今天，同样还有许许多多的人认为自己所从事的职业是低人一等的，那是因为他们都没有意识到自己工作的价值所在，他们之所以一直坚守在这个岗位上是因为生活的需要，他们轻视自己所从事的工作，自然也就无法投入全部身心。他们在工作中一贯敷衍塞责、得过且过，时时刻刻想着该怎样做才能够摆脱这种不堪的局面。这样的人注定将是一事无成的。

所有正当合法的工作都是值得我们尊重和珍视的。只要你通过自己的劳动去换取你应得的报酬，没有人能够贬低你的价值。关键是看你如何摆正心态去认识自己的工作。那些只知道要求高薪，却没有上进心和责任心的人，无论对自己，还是对公司，都是毫无价值可言的。

尽管工作本身不存在贵贱之分，但是每个人面对工作的态度是截然不同的。一个人能不能把一件事情做好，只需要看他对待工作的态度就可以了，而往往一个人的工作态度又与他本人的性情、才能有着密不可分的关系。一个人的工作态度在他的工作上会有所体现。所以，了解一个人的工作态度，在一定程度上就可以看出这个人的人品。如果一个人都不能够用正确的心态去面对自己的工作，那又何谈尊重自己，这样的话工作自然也不会做好。

当今社会，有一些人不尊重自己的工作，不把工作看成创造事业的必由之路和发展人格的工具，而只是将其视为生活的来源，认为工作是生活的代价，是一种无可奈何、不可避免的劳碌，只要安于现状每天工作，每个月拿着工资就已经足够了。这一错误观点使其一事无成！像这样的人一般都是被动地去适应生活，他们根本不会想着如何通过自己的努力去改善现在的生活环境。对于他们而言，公务员更“体面”；他们不喜欢从事体力劳动，不喜欢商业和服务业，认为自己应该有一个好的职位，上班的时间应该自由一点，让自己活得更轻松些。他们总是不满世俗，固执地认为自己在某些方面更有优势，身在福中不知福，此山望见彼山高。

天生我材必有用，懒懒散散只会使人变得更加颓废。有的人通过自己的不断努力创造出属于自己的辉煌，为社会做出了贡献；另外一些人没有自己的目标，干什么事情都缩手缩脚，浪费了天生的资质，到了晚年才痛恨不已。本来可以创造辉煌的人生，结果却与成功失之交臂，不能说不是一个巨大的遗憾。

其实，任何一件事情都有它存在的价值，所以我们在做一件事情的时候都应该用心去做。卢浮宫收藏着莫奈的一幅画，画中描绘的是女修道院厨房里的情景。画中有一个天使正在用一个非常优雅的姿势提着水桶，另一个天使正在架水壶烧水，还有一个则是穿着厨衣，正在伸手去拿盘子——即使日常生活中再普通不过的事情，也值得天使们全神贯注地去做。

所有的事情都有它存在的道理。假如你是图书馆的管理员，当你在整理一些书籍的时候，是否感觉到自己已经取得了一些进步？如果你是一个砖石工或泥瓦匠，可曾在砖块和砂浆之中看出诗意？如果你是一名老师，你是否对于每天按部就班的工作感到厌烦？或许只要一下班你所有的烦恼就都抛到了九霄云外。

假如我们每个人都用狭隘的眼光来看待自己的工作，或者仅用世俗的标准来衡量自己的工作，任何工作时间久了都会变得枯燥乏味没有任何吸引力。这就好比教堂的窗户。窗户非常灰暗，而且还落满了灰尘，只剩下单调和破败的感觉。但是，当你慢慢地跨过门槛，走进教堂，这时你将会发现原来里面是这么的绚烂多彩。阳光洒在玻璃上发出红光，形成了一幅幅美丽的图画。

由此，可以得出这样的启示：我们每个人看待问题都存在一定的局限性，必须用心去体会才能发现事物真正的本质。打个不恰当的比喻，工作就好比臭豆腐，看上去或许不是特别的好，闻起来也有股怪怪的味道，但是只要你勇敢地将其放在嘴里，或许你就会爱不释手。工作也是如此，只有深入其中，才知道其中的乐趣所在。只有这样，才能保持恒久的激情。

日常生活中的每一件事情，即使再普通的事情我们都应该尽职尽责、全力以赴地去完成。而工作本身无法说明自身的性质，工作是否单调乏味取决于我们行动时的精神状态和工作时的心境。只有做到一步一个脚印，才不会轻易跌落。通过工作获得真正力量的秘诀就蕴藏在其中。

人生的目标贯穿于整个生命过程之中，你在工作中所持的态度，会把你与周围的人区别开来。态度有可能使你的思想更开阔，也有可能使其更狭隘，或者使你的工作变得更加高尚，或者变得更加低俗……

培养决断力，工作不拖延

处事果断是我们在处理任何事情时所必备的要领。在大多数情况下，机会往往会因为你的犹豫而稍纵即逝。雷厉风行难免会犯错误，但是也总比那些做事犹豫不决、拖拖拉拉、什么也不敢做的习惯要好。

获奥是某公司的一位业务员，前几天去拜访一小镇上的一位房地产经纪人，想把一个推销与商业管理课程介绍给这位房地产经纪人。

获奥来到房地产经纪人办公室的时候，那位经纪人正在一架古老的打字机上打着一封信。

获奥做了自我介绍，接下来便向那位经纪人推销他的课程。

那位房地产经纪人听得津津有味。但是很奇怪的是他听完之后却迟迟不肯表态。

于是获奥问道："难道你不想参加这个课程吗？"

这位房地产经纪人以一种无精打采的声音回答说："我也不清楚我自己到底是不是想参加。"不难看出这位经纪人有点犹豫不决。

获奥这时候站起来，准备离开。但接着他采用了一种多少有点刺激的战术，使房地产经纪人为之一振。

"接下来说的一些话你可能不是太喜欢听，但是我想对你会很有帮助的。

"你首先看看你的办公室，地板这么脏，墙壁上全是灰尘。你现在所使用的打字机早就被淘汰了。你的衣服又脏又破，你脸上的胡子也没有刮干净。

"看到你的这种情况，就可以想象在你家里，你太太和你的孩子过得也不是非常好，你太太对你不离不弃，一直跟着你，你现在这种情况我想并不是她当初所希望的。

"请记住，我对你说的一切并不是把你当做还没有进入我们学校的学生，就算你现在马上支付学费，我也不会接受。假如我接受的话，你就不会拥有去完成它的进取心，而我也不愿意看到我们的学生会失败。

"你最大的失败就在于你做事情犹犹豫豫，一点也不果断，我想现在的你应该已经习惯了，遇到事情逃避责任，无法做出决定。结果到了今天，即使你想去做也不会有机会了。

“如果你告诉我，你不想参加这个课程，那么，我会同情你，因为我知道，你是因为没钱才如此决绝地拒绝。但结果你说什么呢？你承认你并不知道你究竟参加或不参加。你已养成逃避责任的习惯，无法对影响到你生活的所有事情做出明确的决定。”

那位房地产经纪人十分惊讶地呆坐在椅子上，但他并不想对这些尖刻的指控进行反驳。就在这时获奥便说了声再见，走了出去随手关上了房门。但获奥又回到房地产经纪人面前，微笑着坐了下来说：“刚刚我所说的话多有冒犯，还请您原谅，但我倒是希望能够触怒你。现在让我以男人对男人的态度告诉你，我觉得你有这个能力和智慧，但是可惜你养成了一个非常不好的习惯。不过你可以再度站起来。我可以扶你一把，只要你可以原谅我刚刚所说的那番话。

“这个小镇根本不适合做房地产生意。而你也并不属于这个地方，你赶紧找一套干净的衣服，然后和我一起去华盛顿。我会介绍与你同行的人给你认识，他们可以给你一些赚大钱的机会，同时还可以教你一些同行业的知识，你以后投资时可以运用。你愿意和我一起吗？”

使人意想不到的是那位房地产经纪人竟然抱头哭泣起来。最后他慢慢地站了起来，和获奥握握手，对于获奥的劝告他由衷地感谢。最后，他签字报名参加《推销与商业管理》课程，交了头一期的学费。

两年以后，这位房地产经纪人成为圣路易市最成功的房地产经纪人之一。他开了一家拥有60名业务员的大公司，自己当上了大老板。他还指导其他业务员工作，每一位准备到他公司上班的业务员，在还没有被录用之前，都会被他叫到自己的办公室将其转变的过程告诉这位新人。

犹豫不决的人常担心事情的凶吉好坏，害怕今天一旦做出了一个决定，明天会发生一些不好的事情。所以，总是不能够果断地做出决定。事实上，他们往往会因为犹豫不决而失去更多的机会，埋没很多好想法而不自知。还有一种人，因为不想承担相应的责任而迟迟不愿意采取任何行动，瞻前顾后。还有一种人是被自己假设性的问题困扰而难于决断。

杨顺是个很有理想的年轻人，但他到了35岁却还没有什么作为。这是因为他有一个坏习惯：在行动之前总是想得太多。3年前他曾经想开一家高档洗衣店，朋友们很支持他的想法，鼓励他赶快行动。但杨顺却前怕狼后怕虎，他开始在心里犯起了嘀咕："虽然市场调查显示，很多人都有这个消费能力，但是如果客人太挑剔的话怎么办？我只能买得起国产的干洗机。"杨顺琢磨了好久，他的朋友都开始着急了，虽然他嘴里说过两天就去选店面，但是却一直没有行动，时间过了好久。最后，开店计划也就不了了之了。一年之中，城里开了许许多多的干洗店，而且生意都非常好。杨顺这时便后悔自己当初的犹豫，朋友劝他现在开店也来得及，但杨顺又开始担心竞争的问题。

杨顺如果一直这样的话恐怕一辈子干洗店也开不起来，因为他习惯于被假设性的问题所烦恼，事情还没有开始自己就开始打退堂鼓了。有时候我们往往离成功只有一步之遥，但由于自己的犹豫不决而错失良机，很多失败者就是拖延了一辈子也没付出这几分钟。

不要任务还没开始实施，就去做各种完全没必要的预测，只有当事情真正付诸行动的时候，你将会发现你之前所有假设性的问题都不存在，即使真的发生了你也会找到方法解决。如果一个人在事情还没有开始之前就给自己设置障碍，那他永远只会停在事情的起点。因此，只要做好行动计划，并用心去执行，脚踏实地地做好每一件事，你所付出的努力才会有收获。

变“要我做”为“我要做”

主动就是不需要任何人的提醒或者催促，都能够很好地完成自己的工作。这就是那些成功人士能够绩效高、优秀的最根本原因。所以说，你永远不要将“要我做”当作自己工作的前提，高绩效最喜爱“我要做”的那类人，并乐意为其效劳。你必须像具有专业精神的人那样，主动地将工作从“要我做”变为“我要做”。无论这份工作是多么的无趣，“我要做”的主动精神都会让你得到老板的认可从而取得非凡的业绩。

“积极主动”往往会让人误解为强出头、富侵略性或无视他人的反应。一个积极主动的人往往在问题出现时能够做出积极的反应，并找出问题结合实际情况解决问题，最终取得一个好的结果。

大英帝国奴役印度人民遭到了许多印度议员的反对，为了人民能够早日脱离殖民统治，他们准备用暴力解决问题。但是圣雄甘地却没有加入其中，他认为靠暴力是解决不了任何问题的，这样做反而对人民是没有益处的，最好的方法就是“非暴力不抵抗”，抵制英货，最终取得胜利。

从表面上看那些议员似乎是非常的积极，但是却没有抓住问题的本质，只有圣雄甘地充分了解事情的本质，然后再“对症下药”，只有这样才能够取得最终的胜利。

“积极主动”往往贯穿于专业精神比较高的人的整个工作当中，正是因为他们有着这种专业精神他们的能力也一天天加强，工作业绩也在不断提高。思想上的积极主动主要体现在以下几个方面：

主动去熟悉你的工作，因为这是你将工作做好的前提条件。还可以熟悉一下公司其他的事务，例如：销售方式、经营方针、工作作风、使命、组织结构、目标……可让你在今后的工作中采取的行动更准确，效果更出色。

不要等“工作找你”，而是要主动“去找工作”。如果你习惯了等待工作的话那么从思想上你就缺乏了积极性，这样会使你的工作效率低下。甚至有的时候你只会做你自己喜欢做的事情，就不会积极主动地做事情，就会想方设法拖延、敷衍了事。事实表明：“等待命令”是对自己潜能的“画地为牢”，从一开始就注定了平庸的结局。

工作的时候尽量将自己的工作做好，没有工作的时候也不要让自己闲下来，主动为自己找点事情，只有这样你才能更好地完善自己，提高自己的工作能力。一个优秀的人在做完自己的工作时总会静下来好好想想是否还有不足的地方，有什么项目需要加上去，以使自己的工作能力得到扩大和充实？是否所有的目标都已达到？还需要向别人学习什么？只有这样自己的能力才会进一步得到提高。

许多著名的大公司认为，一个真正优秀的工作者光能坚持自己的想法或项目，并主动完成它，还往往是不够的，还需要主动承担自己工作以外的责任，主动做分外的事。

比尔是一家酒店的员工，老板布置给任务他总是很快就完成了，所以他一直自我感觉很好。有一天，老板让他将客户的购物款记录下来，比尔做完之后就和旁边的同事闲聊了起来，这时老板走了过来，看了一下周围，然后又看了比尔一眼。老板什么也没有说，整理完那批已经订出的货物，然后又把柜台和购物车清理干净。

这件事深深震动了比尔，他突然发现原来一直以来自己是这样的愚不可及：即使老板没要求我做一些事情，我都应该主动地再多做一些，因为一个人不仅要做好本职工作，还应该做自己本职工作之外的事情。从此他比以前更加努力了，他由此学到了更多的东西，工作能力突飞猛进，最终比尔成了公司的副总。

主动提建议。也许你的老板或同事的某种处理事务方式的效率不高，而他本人并未察觉或不知如何改进。这时候如果你有更好的意见或者是建议你就应该主动地提出来，这样不但可以赢得他人的赏识，还会更有利于你与同事的合作，提高工作效率，进而推动整个组织绩效的提高。要想做到这点首先你必须主动地去学习和了解公司业务运作的经济原理，公司的业务模式是什么？怎样做才能让公司获取最大的利益？……主动关注整个市场动态，分析竞争对手的错误症结避免思维的固化，从而提高你的工作能力。

积极主动是告别拖延症、提升执行力必不可少的品质，这种积极主动不是仅仅只局限于一件事情上面，你需要做的就是将它变成一种思维方式和行为习惯。只有每时每刻表现出你的主动性，才能获得机会的眷顾，最终走向成功。